秦岭白云山调查

李三原 著

西北大学出版社
·西安·

作者简介 ZUOZHEJIANJIE

　　李三原，陕西佳县人，1976 年在陕北插队，1982 年西北大学毕业，1996 年中央党校一年制中青年干部培训班毕业，美国加州大学培训班毕业，香港科技大学培训班毕业。曾任陕西省茶业协会会长，泾阳茯茶复产研究开发组组长，国家林业局茯茶工程技术研究中心主任，获新中国 60 年茶事功勋和绿色中国焦点人物。

　　曾主持和参与神府煤田沉积相、鄂尔多斯三叠系含油层、煤炭地下气化、黄帝手植柏克隆、老子手植银杏克隆、泾阳茯砖茶抢救复产、宋代孔雀茶、牡丹历史文化、健康饮用水、森林灭火炸弹等研究工作。著有《白于山调查》《榆林矿业调查》《陕西茶话》《健康饮用水》《牡丹归来》《比较文艺与混合文艺》《陕西官茶》《中国玉文化之滥觞》《行为中的悟性论》《国之石魂》《麝父来香》《丝路衮冕十二章纹》等。

山区脱贫调查

SHANQUTUOPINDIAOCHA

全省生态脱贫现场会

全省生态脱贫现场会

在海棠园村调研

在贫困户家调研

与村民告别

在皇冠镇召开小型座谈会

在兴隆村调研

金寨镇寨河社区扶贫扶志专题道德评议会

竹山村板栗、核桃园科管暨林下种养植培训会

养蜂

养鸡

犁地

插秧

在竹山村调研

板栗园

村上产业培训

核桃高产技术培训

宁陕县长生农林专业合作社帮带贫困户产业脱贫收益分配现场会

山村文化活动

秦岭山村

宁陕县首批生态护林员上岗培训会

山区旧照
SHANQUJIUZHAO

秦岭深处"花房子"

旬阳坝古山寨

育苗

山间梯田

群众活动

开荒

赶集

架桥

蓄水坝

气象观察

山村风貌
SHANCUNFENGMAO

便民桥

秦岭人家

秦岭田园

旬阳坝

秦岭漂流

山区跌水

三缸河

红果秋实

秦岭飞播

天然八卦图

渔湾村

皇冠镇

序　言

白云生处有人家

——读李三原《秦岭白云山调查》

曹谷溪

　　关于秦岭，关于祖祖辈辈生活在山区的那些农民，我一直有这样的思考：是怎样的精神力量养成他们别具一格的生活习俗和人生态度。品读李三原的《秦岭白云山调查》，一扇心门在我的面前庄严开启，一条心路直达远方。

　　从路遥与王安忆关于陕北的对话
　　到秦岭大山人家情感世界的随想

　　路遥的《平凡的世界》反映了黄土高原农民的生活。

1990年初春，上海作家王安忆造访陕北，面对被定义为"不适合人类生存"的连绵的山峦，她对路遥说："无法想象，在这样的地方人们是怎样得以生存的！"路遥回答说："今生今世，我是离不开这个地方了。每每看见干涸的土地上冒出一个草芽，开出一树桃花杏花，我都会激动得泪流满面！"

恶劣的生存环境，并没有摧垮山里人对生活的热情，对生命的热爱，他们以最大的热情传承和吟诵他们的生活和爱情。无论是盛行于陕北高原的"信天游"，还是萦绕在秦岭山地的"秦巴山歌"，这些歌谣在某种意义上，已经成为当地人们生活不可或缺的一部分，已经成为他们与上苍、与自然、与心灵对话的方式。

由此，我对陕北白于山区、秦岭白云山区的农民，产生了一种坚不可摧的敬仰；由此，我与《秦岭白云山调查》以及他的作者产生了更多的共鸣。

从陕北《白于山调查》的百姓情怀
到《秦岭白云山调查》的真情实感

《秦岭白云山调查》是李三原继2015年出版的陕北《白于山调查》之后，又一部关于山区农民生活状况和脱贫途径的专著。

李三原曾任靖边县委书记 8 年之久，1992—1999 年，他选取 5 乡 10 村 100 户农民家庭作为调查对象，对白于山区经济社会、社情民意、贫困状况进行了详细调查，走访了历代县官未曾涉足的偏僻山村。2015 年，他重返 16 年前走访过的村户，进行了再调查，对比研究山区 20 年的发展变迁，出版了《白于山调查》专著。中央党校常务副校长何毅亭读完《白于山调查》一书后，认为这是一种站在群众立场看问题、想问题的调查方法，并为之作序。

序文中写道："李三原同志从 20 世纪 90 年代初起曾任靖边县委书记 8 年，他没有抱怨这块黄土地的贫瘠，而是坚持沉到基层、沉到老百姓之中，真切记录和感知白于山区群众生活的变迁，思考和寻找破解山区贫困问题的答案。他后来虽然离开靖边到咸阳任职，到省直部门任职，但始终没有忘记白于山。"

2012 年，李三原调任陕西省林业厅厅长，他再次选取秦岭腹地白云山区的一个贫困县——宁陕作为调查对象，先后走访了 11 镇 23 村 126 户农民家庭，根据当地自然资源结构特点，对林业生态脱贫、社会经济发展、百姓生产生活进行调查，形成了《秦岭白云山调查》专著。

从《白于山调查》到《秦岭白云山调查》，地域跨度1000 余公里，耗时近 30 年，以同样的视角、同样的体例，南北呼应，既各自独立成书，又相互有借鉴意义。真可谓："一南一北三十载，一山一水总关情。"

两本调研专著都没有高谈阔论，而是用通俗的群众语言，给读者留下充分的思考空间。记录了关乎农户生活的衣食住行、生老病死、上学就医等现实问题，以具体个例为缩影，从中寻找和揭示现象背后的深层问题，并提出解决问题的方法和途径。无论是陕北高原还是秦巴山区，作者所展现的不仅仅是跨越时空的山区贫困史，更展现出山区人民淳朴热情、乐观坚强、充满生机的生活态度，处处体现着作者对山区百姓的真情实感。

从《卖炭翁》的历史记忆到新时代
山区人民脱贫致富的历史机遇

中国作为一个以农耕文明为基础的人口大国，农业的发展历史，构成华夏民族不断发展壮大的基础。翻开华夏文明的历史篇章，陕西无疑是这部历史的华美开篇。

巍巍秦岭横亘东西，它不仅是南北自然、气候、地理分界线，更是华夏文明的起源之地。但是，长期生活在大山里的农民群众，却一直饱受贫困与落后的困扰。唐代诗人白居易《卖炭翁》就描述了唐代"南山人"艰难的生活境遇。中华人民共和国成立以后，党和政府出台了一系列政策，将山区建设放到重要的位置给予扶持，但是由于诸多原因，山区群众脱贫致富依然是个难题。

改革开放 40 年来，中国共产党带领全国人民创造了举世瞩目的辉煌成就。社会财富极大丰富，人民生活水平快速提高，综合国力不断壮大，中华民族终于迎来了实现伟大民族复兴中国梦的崭新时代。2017 年，党的十九大报告庄严承诺，让贫困人口和贫困地区同全国一道进入全面小康社会。进入新时代，扶贫攻坚，实施乡村振兴战略，成为我国全面建成小康社会，实现"两个一百年"奋斗目标的首要任务，山区的发展迎来一个前所未有的历史机遇。

从绿水青山换金山银山到
绿水青山就是金山银山

大山区，蕴含着无限的生机。面对山区的发展方向，早在 12 年前，习近平就提出了"绿水青山就是金山银山"的理论，阐明了经济发展与生态保护的关系，这是发展理念和方式的深刻转变，也是执政理念和方式的深刻变革。

"大美三秦，富裕百姓"。将广大山区的青山绿水和百姓的金山银山有机结合起来是陕西林业工作的原则，只有深入调查，访农户摸实情，分析山区群众贫困根源，才能精准把脉找到山区群众走出贫困的路子，才能找到乡村振兴的战术和钥匙。《秦岭白云山调查》一书，重点着眼于契合本地实际条件，并且易于操作的产业项目方向，力图提出解决问题的有效方案。叙述方式完全是站在百姓的视角，用通俗的语言、群众喜闻乐见的故事或案例形式，将民生内容、人文叙事、民生话题贯穿始终。

李三原 30 年来深入陕南、陕北山区农村，对南北两个不同区域进行了长期的调查。他的调查成果，作为研究脱贫和农村变迁的参考资料，对山区群众脱贫致富及相关政策的落实具有非常积极的参考价值。他通过调查研究，发现和总结宁陕县在保护生态的同时，发挥资源禀赋优势，创新多种发展模式，以园区建设为载体，依托龙头企业和林业合作社，着力发展森林旅游、林果、药菌、种养、林产品加工等特色产业，增加群众收入，为山区群众因地制宜发展产业，走生态脱贫之路找到了突破口，为诠释"绿水青山就是金山银山"找到了实践印证。

愿此书的出版，对促进山区经济发展、促进精准扶贫，能发挥其应有的作用。寻找乡村振兴的良方，客观地把今天告诉未来，这也正是《秦岭白云山调查》的意义所在。

前　言

2010 年以来，我国国民经济总量已居世界第二，一些东部沿海地区已经接近发达国家水平，但一些偏远山区的脱贫攻坚任务压力依然巨大，如何帮助最后一批贫困地区、贫困人口脱贫致富，是我国全面建成小康社会的最后一程。

陕西是我国脱贫攻坚重点省份，贫困县数量比较多，山区贫困根子比较深。在 2016 年的 56 个贫困县中，有 27 个位于秦巴山区。秦岭有着丰富的自然资源、广袤的森林覆盖，农民户均林地 150 多亩。按照"绿水青山就是金山银山"的思路，发挥资源禀赋优势，实施乡村振兴战略，就一定能够找到好出路，走出贫困的窘境。

带着这样的思考，在全省的林区贫困县中具有代表性的白云山区进入了我的视线，吸引我去探究。几年来，我多次深入秦岭中段南麓,希望从中找到走出贫困的路子,秦岭白云山是宁陕的象征,探究白云山区的贫困状况对全省脱贫攻坚工作具有典型意义。2015 年,省林业厅在宁陕县创建生态脱贫示范县之际,我走访了 11 镇 126 户当地百姓,写《秦岭白云山调查》一书的念头,就这样在我的走访中产生,在思考中完成了。

走村入户听民声,翻山越岭探民情。在几年的调查中,我力图全方位、跨时空地展现山区贫困史,同时也向世人呈现一处偏僻却民风淳朴、贫穷却充满生机的山区面貌。调查是以宁陕县经济社会发展变化为背景,与改革开放初期对比,尽力系统性地审视、研究和分析生态脱贫工作。我详细调查了当地的人文历史和社情民意,了解了百余户群众的生产生活、身体健康和心理状况。记录的都是事关百姓生活的衣食住行、生老病死、上学就医等现实问题,尽力提出解决问题的思路,用百姓的视角人文叙事,留下山区人的乡村记忆。

社会在不断进步,山区也随之发生着深刻的变化,这种变化虽然有快有慢,但方向坚定。山区农村经济逐步从单一的粮食种植中解放出来,村民基本医疗服务和最低生活得到有效保障,生态产业成为主导产业,这些积极因素还在不断扩大。白云山区还给我们展示了一幅乡村变迁的全景图，涉及传统文化、习俗、宗教、教育、医疗等多个方面，山区民风淳朴，村民言语真挚动人。同时，也出现一些新的现象，如农村社会一些传统文明的丢失，山村与城镇之间的割裂，村民婚丧习俗的变更，山村学校的衰落，传统文化符号的消隐，年轻人走出农村，偏远村落的逐步消失……凡此种种，有喜有忧，需要引起我们的思考。

解决农村发展问题，解决农民富裕问题，是国家实现全面小康、民族实现伟大复兴的前提。在数千年的历史长河中，我国的社会基础一直都是农村，这种传统的农业结构必须随着新时代社会发展的急剧变革而自我转型，在白云山区的乡村变迁过程中，农民已经不再依赖于耕地，村民思想观念也发生了巨大变化，这种农民不再固守土地的现象也是当下我国农业文明逐步向工业文明转变的一个缩影。白云山区有因固守旧规、不肯上进而致贫的例子，也有很多善于学习新技能、发展特色生态产业、返乡自主创业、将富余劳动力有效转化为乡村经济增长新板块而致富的典型。

民生至上，绿色至美。在调查中，我把衣食住行作为村民生存状态与生存空间的晴雨表，把生态意识和生态保护作为衡量发展与进步的瞭望台，从社会普遍现象中寻找专题调查的话题，揭示现象背后的深层问题，并从自己理解的角度进行了粗浅的分析。

脱贫是变革的产物，是生活的映照，是时代的标识，也是一种中国力量。党的十九大提出乡村振兴战略，无疑正是厚植传统文明、弥合城乡割裂、烛照强国之路的璀璨之光。但愿我的调研、见证和思考，能为这美好的前景增添一抹绿色。

"巍巍秦岭横千里，白云生处有人家"。山区人民必将踏着新时代的步伐，创造出新的辉煌！

引　言

　　生态脱贫没有捷径，但有路径。这个路径，便是开掘、康育。

　　我所开掘的，不仅仅是山的高度，还有心灵的温度，以及精神的向度，是一代代大山人生活和精神的历程。

　　群众对美好生活的向往，是我走向大山的力量；林业工作的特性，是我康育大山的使命。我从陕北到陕南，从白于山到白云山，一步一步，一程一程……千里探行，是脚步的到达，更是初心的抵达。

　　空间的宽阔，时间的纵深，维度的丰富，是我的追求；变迁史，现实性，未来感，是我的指向。这是情感使然，使命使然，更是时代见证，是当下人应该留给历史长河的刻度。

　　把这本书，献给来临的新时代。

目　录

上篇　山区综合调查

下篇　山区专题调查

附　　篇

上篇

山区综合调查

白云山中有人家，
春种、夏耕、秋收、冬藏。
白云山中有故事，
水土、收成、家风、乡俗。
白云悠悠，诉说前世，
大山巍巍，镇守今生。

第一章

宁陕概况

　　宁陕置县于清，取安宁陕西之意。今属陕西省安康市所辖，地处秦岭腹地中段南麓，俗称"南山老林"。宁陕自然风光雄伟秀丽，"栈道千里，通于蜀汉"，著名的子午古栈道由南向北穿越秦岭巴山，南北通衢，唐代杨贵妃吃的荔枝，就是从川东涪陵经西乡至宁陕送往长安的，故称荔枝道。宁陕历史悠久，民风淳朴，但社会经济发展较为落后。近年来，宁陕加大脱贫力度，改善基础设施，发展生态产业，各项事业逐步向好。

一、白云山区

　　白云山，位于秦岭山脉深处，清初得名，据《宁陕厅志》记载："天欲雨，则山自出白云。故名。"厅南白云山，山有三峰，形如笔架，远可数十里望之如在目前。上有树杪插天，仿佛层云迭出，笔尖摇舞，每值斜日新月，影照庭间亦一奇也。

这次秦巴山区调查，以宁陕为样板，试图从一个较为典型的山区贫困县研究贫困现状，探索走出贫困的道路。清代宁陕有十景，以白云山为代表的"云峰三峙"最为著名，故取书名《秦岭白云山调查》。

宁陕县属于长江流域汉江水系的上游地区，南北纵深136公里，东西横延27公里，总土地面积为3678平方公里，是安康市土地面积最大的县。宁陕县北依西安市长安区、鄠邑区、周至县，东邻商洛市柞水县、镇安县，南接安康市石泉县、汉阴县、汉滨区，西连汉中市佛坪县，距西安市131公里，距安康市96公里。

宁陕县辖11个镇12个城镇社区68个村民委员会357个村民小组。本次调查计11镇3社区21村51组126户，包括城关镇旬阳坝村、月河村、瓦子村、寨沟村、城南社区、关一社区、关二社区，筒车湾镇海棠园村、油坊坪村，江口镇竹山村、高桥村、江河村，皇冠镇南京坪村、兴隆村，金川镇小川村，太山庙镇太山村，龙王镇棋盘村，四亩地镇严家坪、四亩地村，梅子镇安坪村，广货街镇元潭村、蒿沟村，新场镇花石村、新场村。还走访了县林业局、农业和农村局、水利局、交通运输局、文化和旅游广电局、民政局等十多个县级部门。

二、历史沿革

春秋战国时期，宁陕县境北属秦，南属楚，后全境属秦。此后，两千余年，大致依此格局，北部属于关中郡县，南部为陕南郡县所辖。

宁陕置县于清乾隆四十八年（1783 年）设五郎厅，划长安、周至、镇安、石泉、洋县五县边境地段为其辖区，属西安府，厅署设焦家堡（今老城城北）。乾隆四十九年（1784 年）厅署迁老城。嘉庆五年（1800 年），仁宗准在五郎厅之关口筑城建镇并赐名宁陕镇，厅名亦改为宁陕厅，即"镇守五郎关口安宁陕西之意"。中华民国二年（1913 年）改为宁陕县。

1934 年 12 月，中国工农红军第二十五军从鄂豫皖西征北上，创建鄂豫陕革命根据地。1935 年 2 月至 7 月，红二十五军两次转战宁陕，9 月的梁家坟会议成立鄂豫陕特委和红七十四师，12 月，在四亩地建立第一个县级党的领导机构宁佛工委。1936 年 8 月，成立陕南抗日第一军。1946 年 8 月，中原解放军完成突围任务进入宁陕，10 月，成立中共东江口中心县委。

1949 年 12 月，宁陕县和平解放，隶属安康专员公署。

1950 年 11 月，设 6 区 36 乡。1958 年底，并入石泉县，设为协作区，辖 5 个人民公社 23 个管理区，有 169 个大队 476 个生产队。1961 年 9 月，恢复县制，设 5 区 28 个人民公社。1983 年 7 月，建立乡政权，设置 5 区 2 镇 26 乡。1996 年 11 月，撤区建镇，设 8 镇 12 乡。2001 年 11 月，并乡建镇为 10 镇 4 乡。2002 年，村组区划调整，设 98 个村 360 个村民小组和 9 个社区居民委员会。2011 年调整为 12 镇。2015 年调整为 11 镇。

宁陕区划图

三、人口结构

2017 年，宁陕县户籍总户数 25766 户，总人口 74575 人，乡村户数 17361 户，户籍人口中农业人口 59620 人，占 80%，非农业人口 14955 人。全县男性 40038 人，占 53.7% 女性 34537 人，占 46.3%。回、满、壮、苗、蒙古等 10 个少数民族共 3502 人，其中，回族 3416 人，占少数民族的 98%，集中分布在江口回族镇。

人口出生率 10.68‰，人口死亡率 7.58‰，人口自然增长率 3.10‰。

全县大专以上学历 4142 人，高中专学历 7895 人，初中学历 23548 人，小学学历 26149 人，15 岁以上不识字 4211 人，文盲占全县总人口的比重为 5.9%，比 1982 年下降了 37.1%。

白云山区属秦巴山地国家级集中连片贫困区，基本特点是国土面积大，人口数量少，森林资源多，村民收入少。2017 年，全县共有 40 个贫困村，贫困人口 5113 户 13458 人，贫困发生率 22.62%，贫困村占行政村数的 56.4%。

四、生态变迁

宁陕县是国家天然林保护工程重点县、国家集体林权制度改革试点县、国家集体林业综合改革试验示范县、国家生态建设示范区、国家南水北调中线工程和陕西省引汉济渭工程的重要水源地。全县 90%以上的国土为林地，良好的山林为山区发展生态产业奠定了基础。

白云山区属秦岭高中山地貌，分为高山、中山、低山、河谷 4 种类型。秦岭主脊横亘于宁陕北境，平河梁横贯境中，总的地形北高南低，高差为 2425 米。宁陕县是一个典型的"九山半水半分田"的山区县。

宁陕县气候属北亚热带山地湿润气候，雨多、云雾多、湿度大、日照短，夏无酷暑、冬无严寒，气候温凉、舒适宜人。年平均气温 12.2℃，年平均降水量 921.2 毫米，年平均日照时数 1638.3 小时，年平均风速 1.4 米/秒，年平均无霜期 216 天。

田园景色

1. 生态资源

全县有林地 495 万亩，农民人均林地达 50 余亩，森林覆盖率 90.2%，分别是全省、全国的 2.7 倍和 4.5 倍，形成了多种植物区系成分并存、垂直带谱明显、植被类型多样、群落结构复杂、栖息生物种类繁多的森林环境特点，有高等植物 1178 种，具有较高经济价值的野生植物 100 余种。该区域在我国动物地理区系中处于东洋界和古北界的交会区，野生动物资源十分丰富，鸟类、鱼类、两栖爬行类动物繁杂多样，脊椎动物达 273 种，珍稀野生动物有 20 余种，是大熊猫、林麝、羚牛、金丝猴、朱鹮和金钱豹六大国宝级野生动物的栖息地。

山区沟壑交织，河流密布，水资源十分丰富，具有河、溪、瀑、泉、潭、水库、池塘等多种水体景观。属长江流域汉江水系，主要河流有汶水河、旬河、池河、长安河和蒲河等 5 条大河，流域面积在 5 平方公里以上的河流有 120 条，大部分地区地下水水质良好，宜于饮用。

山区生态旅游资源丰富，自然景观 158 处，人文景观 51 处，有天华山国家森林公园、十里长峡、秦岭会客厅、秦岭峡谷漂流、上坝河国际狩猎场、汶水河漂流和苍湾溯溪探幽等旅游景点。

大熊猫

朱鹮

金丝猴

羚牛

金钱豹

林麝

2. 生态变迁

天然林是森林资源的精华，是自然界中结构最复杂、群落最稳定、生物多样性最丰富、生态功能最强的生态系统，在维护生态系统平衡、涵养水源、防风固沙、保持水土、保障水资源安全、保护生物多样性、净化空气、应对气候变化等方面具有不可替代的作用。

20 世纪 70 年代以前，山上都是大树，后来大量的森林被开辟为农田，森林植被破坏严重。采伐队一位老职工说，他 1972 年参加工作，1975 年的采伐指标最大，在采伐区山坡的树伐光之后，一般在第二年 4~5 月份进行补植，新造的林几乎没有水土保持功能，一下大雨就发生山洪，1982 年下雨后，通往林区的户菜路、新小路全部被冲断。

1998 年全面禁伐，开始实施天然林保护工程。该镇严家坪村村民黄梓华说："我今年 58 岁，从小就生活在这个地方，10 多岁的时候这里是树多水清，泥石流很少发生，山里发大水也不多见。现在不让伐树快 20 年了，林子也慢慢长起来了，从 2013 年至今很少听说再有洪水、泥石流灾害的发生，有也就是一些零星的山体滑坡，这几年走在林区道路上时不时就可以见到羚牛、金丝猴，林子好了动物也就回来了。"

3. 林权到户

2007 年 7 月，宁陕县被列入全省林改试点县，探索出了"要一举成功，不要返工重来；要群众做主，不要干部说了算；要分类指导，不要搞一刀切；要阳光林改，不要暗箱操作；要及时调处纠纷，不要拖延积累矛盾"的林改工作模式。2009 年 7 月提前两年完成林改任务，成为西北地区林改样板县，通过林权制度改革，"原来是个穷光蛋，一夜有了十几万"，激活了村民爱林兴林的积极性，为巩固生态成果、发展林业产业夯实了基础。

五、经济状况

1998 年以前，山区以农业为温饱、林业伐木为主导、工业跟着伐木跑，属于典型的木头经济县。1998 年禁止采伐后，选择了"生态立县、文化兴县、旅游富民"的思路，推进绿色循环发展，实现了从木头经济、石头经济到生态经济的转型。

2016 年，全县完成生产总值（GDP）26.62 亿元，增长10.5%。其中，第一产业增加值 4.34 亿元，增长 3.9%；第二产业增加值 14.73 亿元，增长 13.0%；第三产业增加值7.55 亿元，增长 9.7%。第一、第二、第三产业的结构比为

宁陕县城

16.3∶55.3∶28.4，对 GDP 的贡献率分别是 6.5%、67.4%、26.1%；非公经济增加值 15.02 亿元，占 GDP 的比重为 56.4%。

2016 年，居民人均可支配收入 14615 元，增长 9.0%；城镇常住居民人均可支配收入 25358 元，增长 8.7%；农村常住居民人均可支配收入 8270 元，增长 8.5%。这三项指标在安康市的排名分别是第五、第二和第六位。

本次调查的行政村大部分没有集体经营的土地，即使个别村有集体使用的土地，面积也很少，没有多少经济效益，无村办企业。各村的收入主要由征地协调费和乡镇政府划拨的办公经费两部分组成，前几年有些村提留 30%公益林管护费用于日常花销，现已全面停止。

村里有帮工队，一般农活一天工钱 100 元，在建筑工队一天工钱 120 元，再者就是换工，相互给对方无偿帮忙干活。镇派驻村干部主要的工作是传达上级会议精神，参与村上重要会议，一般很少在村里住，由于村集体经济脆弱，党支部的吸引力、凝聚力、战斗力较弱。

第二章

农民收入

陕西林业收入类型可划分为干杂果、鲜果、木本油料、商品林、苗圃、森林经济、森林服务等七大类，林业产值只涉及林业产业的初级阶段，不涉及深加工。山区群众脱贫致富希望在山、出路在林，农民纯收入中林业收入占到60%~80%。以宁陕为代表的秦岭山区以茶桑、生漆、核桃、板栗、山野菜、食用菌、杜仲等林特产品、森林绿色食品和中草药基地为特色，适合发展生态旅游、开发旅游产品、创建精品森林旅游线路。

一、林果油料

核桃 分布很广，无论深山、浅山、丘陵、平坝均能生长，山区气候适宜，生长旺盛、品质较好，是农民增收的重要经济来源。村民有句老话："核桃坡核桃沟，核桃砭核桃路，漫山遍野核桃树，核桃累累碰人头。"

宁陕县有核桃林 10.3 万亩，早熟品种有西扶 1 号、辽 1、辽 4、香玲、鲁光等，晚熟品种有西洛 2 号、西洛 5 号等。2015年总产量 95 万千克，核桃均价 20 元/千克，总产值 1900 万元。

山区家家户户均有核桃林，但缺乏管理，产量偏低。2016 年，县林业局实施核桃经济林提质增效工程，推广到 40 个村，对于达到管护标准的贫困户核桃园，每亩奖励 100元。县林业技术推广站的同志介绍，实施核桃高接换优后，核桃产量增长 30%以上，质量大幅提升。

竹山村有核桃林 1043 亩，亩产约 50 千克，480 人参加核桃专业合作社，总收入 104 万元，人均收入 2173 元。竹山村红星组村民李宁，43 岁，家里 6 口人，两个劳动力，5亩成熟核桃林，每年核桃收入约 5000 元。

板栗 素有干果之王的美誉，营养丰富，除富含淀粉外，还含有单糖与双糖、胡萝卜素、硫胺素、核黄素、烟酸、抗坏血酸、蛋白质、脂肪、无机盐类等营养物质，有补肾健脾、强身健体、益胃平肝等功效。栗类是秦岭地区的乡土树种，分布面积广泛，宁陕大板栗是家板栗树与野生茅栗树嫁接而成，适应性强且产量大，是稳定增收的主要保障。

全县板栗种植面积 21 万亩，亩产 50 千克，年总产量

板栗

10500 吨；野生板栗 40 万亩，亩产 7.5 千克，年产量 3000
吨。县林业站推行的科学管理方式，使板栗亩产量有望增
加 30%，年可增收 2000 万元。江口镇竹山村 70% 的农民栽
植板栗，年产板栗 240 吨，收入 240 万元，人均收入 1326
元。竹山村红星组村民王仁春，在坡地上栽植板栗 10 亩，
2015 年板栗收入 6000 元。农闲时上山采野生板栗，一天能
采 20 余千克，收购价 10 元 / 千克，一天毛收入 200 元。只
要肯下苦，比打工挣钱多。村民任立学 2017 年采了一个月
板栗，收入 2600 元。

油料作物 油菜产于低山区，个别镇有芝麻和花生，产
量甚低，食用油多从外面购买。1981—1983 年，实行以油

顶粮和提高收购价格的政策，油菜籽产量由 200 吨增加到 600 吨，产量有短期回升，但仍不能自给。

油用牡丹是一种新兴的木本油料作物，五年生牡丹亩产可达 300 千克，亩综合效益可达万元，牡丹籽含油率22%，不饱和脂肪酸含量 92%。油用牡丹耐旱耐贫瘠，适合荒山绿化造林，一年种 50 年收，现在用于生产的油用牡丹有凤丹和紫斑两个品种。宁陕县油用牡丹发展起步晚，共栽植 3000 余亩。目前，核桃林套种油用牡丹的种植模式，将会成为又一带动农村经济的特色产业。

林中套种油用牡丹

二、中药材

宁陕是中药材生产大县，已经形成一定的规模，猪苓、天麻等中药材生产得到很大的发展，产业覆盖全县 11 个镇的大部分村组，90% 以上的村民种植天麻和猪苓。各类林下药材面积 13 万亩，其中天麻 4.98 万亩、猪苓 2.97 万亩、党参 1.8 万亩、白及 0.25 万亩，以及茯苓、丹皮等。2015 年全县药材产量达到 3130 吨，收入 12000 万元，农民人均中药材收入 2000 元。

天麻 名贵中药材，兰科天麻属多年生草本植物，根

天麻

茎入药用以治疗头晕目眩、肢体麻木、小儿惊风等症，多分布于海拔 400~3200 米的疏林地。天麻可用于食材，陕南有一道名菜叫"天麻炖土鸡"。天麻无根无叶，不能进行光合作用，是依靠蜜环菌供应营养生长繁衍，因而种植天麻的第一步是培育出一定数量的优质蜜环菌材，第二步才是引购天麻种，并及时与蜜环菌材伴栽。繁殖方法主要用块茎繁殖，也可用种子繁殖，1 千克天麻种子可产 15 千克天麻。

猪苓　非褶菌目多孔菌科树花属药用真菌，子实体大，一丛直径可达 35 厘米。子实体幼嫩时可食用，味道鲜美。地下菌核黑色，著名中药材，有利尿治水肿之功效。野生猪苓多分布在海拔 1000～2000 米，坡度 20°~50°的向阳山地、林下富含腐殖质的土壤中，块茎生长在地下，依靠菌丝传播繁殖，吸食腐朽树木营养生长。植被多为阔叶次生林。

人工栽培多以小猪苓进行繁殖，采用坑栽，一般坑深 50 厘米，长宽各 70 厘米。栽培前培育好蜜环菌的菌床或菌材，堆放在坑内，盖土 20~25 厘米，温度适宜，经过 1~2 个月即可使用。也可使用培育好准备栽天麻的菌材，或栽过天麻尚未腐烂又没长杂菌的老棒来栽培猪苓。1 平方米为一窝，用 5 根菌棒，下种菌核 0.18 千克。栽时选完整无伤的新鲜野生小猪苓，或把猪苓核分成小块，每块大小如核桃，用手指压紧使菌核扯断的菌丝断面与菌材紧密结合。一根菌材上可压放苓块 7~8 个，每一根用腐殖土把四周培好不留空隙，一般栽一层，盖腐殖土 20~25 厘米，略高出地面，2~3 年采挖，1 千克猪苓种子产 15 千克猪苓。

梅子镇安坪村张迁华，是天麻和猪苓种植大户，2015 年，共收获 15 吨天麻和 10 吨猪苓，当年天麻收购价格 130 元/千克、猪苓 76 元/千克，年收入 270 万元。张迁华不仅带动了周边村民的天麻和猪苓生产，还由于种植面积大，种植、采掘都雇佣佛坪县和梅子镇周边的村民，2015 年开工钱 20 多万元，盘活了周边村民的劳动服务。安坪村耳扒组黄德银在板栗地里种植天麻和猪苓，把带有猪苓菌丝的木棒埋入 20 厘米的土中，把小天麻均匀地放在木棒间的缝隙中，然后覆土。板栗地里还散养 50 只土鸡。2016 年，黄德银种植天麻和猪苓 2500 窝，共收入 3 万多元。

党参 道地药材，多年生草本植物，野生党参分布在海拔 1560~2500 米的山地林边及灌木丛中，具有补中益气、健脾益肺、增强免疫力、扩张血管、降压、改善微循环、增强造血功能等作用，此外对化疗放疗引起的白细胞下降有提升作用。2016 年，宁陕县全县党参种植面积达 1.8 万亩，经济效益比较稳定。

白及 多年生草本球根植物，植株高 18~60 厘米。野生分布较广，多在海拔 100~3200 米的常绿阔叶林下或针叶林下，有广泛的药用价值，可用于收敛止血，消肿生肌。太山庙镇太山村村民宋宗超，辗转多地学习和摸索人工培育白及技术，建了两个大棚共培育出 5 万白及苗，按照 0.6 元/苗的价格，收入 3 万多元。

茯苓　多孔菌科真菌，自然分布在海拔 300~800 米，35°以下的向阳坡，菌丝发育及菌核形成适宜温度 24℃~28℃。茯苓的形成是由茯苓菌丝体在适宜的条件下寄生于松木上，不断分解松木（蔸）纤维素、半纤维素中的营养，并将菌化后的多余物质积聚迅速膨大，形成的营养贮藏器官和休眠器官即为菌核，俗称松茯苓。茯苓野生为主，人工种植较少，采挖多在 7~9 月，挖出后除去泥沙，堆置"发汗"后，摊开晾至表面干燥，再"发汗"，反复数次至现皱纹、内部水分大部散失后阴干。茯苓是一味中药，主治水肿尿少，痰饮眩悸，脾虚食少，便溏泄泻，心神不安，惊悸失眠。

三、林中种养

1. 魔芋和食用菌

魔芋　天南星科魔芋属多年生草本植物，全株有毒，不可生吃，需加工后食用。魔芋具有降血糖、降血脂、降压、养颜、减肥、通便等多功效，被联合国卫生组织确定为保健食品。江口镇鼓励农民和贫困户发展森林魔芋种植，并提供技术培训补贴，每亩补贴 300 元，超过 5 亩的每亩补贴 600 元。2017 年全县种植魔芋 1.55 万亩。

食用菌　是指子实体硕大、可供食用的大型真菌。秦岭地区气候适宜，适合各类食用菌生长，山区遍布野生食用菌。人工种植食用菌多为香菇和木耳，其价格波动比较大，一般 20 元/千克。宁陕县有多家食用菌企业和合作社，如秦南菌业科技有限公司，专门从事香菇、平菇、白灵菇、木耳等秦岭高档珍稀野生食（药）用菌产品开发，为村民

木耳

提供产、供、销服务。

2. 传统养殖

山区植被丰富，饲养成本低，家家户户都饲养猪、牛、羊、鸡、鸭等家禽牲畜。养猪、羊、牛是山区农民增收的重要产业，秦岭

香菇

野山猪、生态牛羊肉，得到越来越多城市中高端消费者的青睐。散养鸡在市场很畅销，养鸭多集中在河边和水田附近，各镇都有养殖大户和合作社。

养猪 一般农户家最多养3头猪，猪崽大都是从外地买，品种多为长白猪、黑猪类。目前，山区养殖较多的秦岭生态猪则是野猪和家猪杂交的三代猪。2016年一头猪崽1000元，1年就可以长到150千克，主要饲料是玉米和草料。一头猪一年吃大约1000千克玉米，是养猪的主要成本。

金川镇小川村的胡理凯，2008年开始创业，尽管走了不少弯路，还是成功探索出适合自己发展的森林综合种养模式。他的农场有杂交野猪和黑猪900多头、土鸡1000只，种植党参1000亩、魔芋500亩、板栗1300亩，并与天时力

公司签订了订单式种植销售合同，2016年纯收入100万元。同时，他通过网络营销吸引网上游客来当地旅游，采购野猪肉、土鸡蛋、土蜂蜜等农产品。他还发展生态农业度假，辐射带动周边更多的贫困户养牛、猪、土鸡，使他们在农忙时发展自家经济，在农闲时就近打工，增加收入。

　　胡军，51岁，因病致贫，他家离胡理凯家仅有一河之隔。他在胡理凯的带动下，养殖土鸡200只，养生态猪2头。2016年，胡军一年养殖毛收入21000元，其中，土鸡蛋收入15000元，土鸡收入2000元，生态猪收入4000元。

　　养羊　常见的品种有马头山羊、陕南白山羊、关中奶山羊、布尔山羊等。羊在山区适应性和抗病性强，生长周

养羊

期短，繁殖率高。村民一般是在早上 6 点把羊赶到附近的山沟里吃草，他们在附近的农田干活，等到天色暗下来，再把羊赶回羊圈。杨丕清家养 50 头山羊，冬天山上的草料不多时，就收购村里玉米补充，2016 年卖出 10 只羊，羊价格20 元/千克，卖羊收入近 1 万元。四亩地镇太山坝村冯仁平，2015 年贷款 5 万元，并从亲戚处借了 2.5 万元，盖了羊圈，买了 115 只羊、2 头猪、40 只鸡，2016 年底就还清了借亲戚的钱。

养牛 山区以前多为役牛，因牛的价格贵，不是每家都能养得起的，家里有牛的大都是富足家庭。目前，一头

养牛

成年公牛价格 3 万元，一头母牛 1.5 万元~2 万元。一个村里顶多有四五头牛，用于农忙时犁地以及运输，牛可以相互借用，以还草料来补偿出借方。现在，山区牛的主要品种为秦川牛。

养猪和养鸡价格不稳定，而牛和羊却一直很稳定，没有出现过大的波动。牛羊的疾病较少，饲养成本较低，草料有杂草和农作物的秸秆，玉米秸、麦秸、稻草、玉米面、豆渣、紫菜饼、麦麸等都可作为饲料。皇冠镇兴隆村成立了养牛合作社，带动贫困户发展养殖业，脱贫增收。

3. 特种养殖

中华蜜蜂 又名土蜂、中蜂，是东方蜜蜂的一个亚种。中华蜜蜂体躯较小，头胸部黑色，腹部黄黑色，全身披黄褐色绒毛，是中国独有的蜜蜂品种。中华蜜蜂是以杂木树为主的森林群落及传统农业的主要传粉昆虫，利用零星蜜源植物为饲料，采集力强、利用率较高、采蜜期长及适应性、抗病能力强，消耗饲料少，非常适合山区定点饲养。

在山区外常见的人工养蜂大多为意大利蜂，俗称意蜂。意蜂体形大、口器长，经常抢夺中蜂的蜂蜜和蜂源，对当地中蜂威胁极大。随着一些流动蜂农所养意蜂的侵入，使得中蜂的数量逐渐减少。秦岭地区禁止意蜂进入，保护中蜂生存环境。

山区有专门的企业免费为贫困户发放蜂具，年底统一对农户的土蜂蜜保底收购，养殖户也可以自行买卖，但98%的蜂农都选择卖给相应的企业。2016年，某企业带动养蜂户217户，根据贫困程度发放蜂具400箱，产蜜4000千克，收购价70元/千克，直接带动贫困户增收28万元，户均增收1290元。

皇冠镇兴隆村的岳晓东说："合作社目前掌握的人工分蜂技术，可把一箱蜂分成2~4箱蜂，一箱蜂卖800元，可增收2400元以上。2015年合作社成立第一年，共帮助58户农户生产蜂蜜12.5吨，实现总产值70万元以上，户均养

养蜂

养蜂

蜂收入 1.2 万元。"

大鲵 又叫娃娃鱼，珍贵两栖动物，营养价值和药用价值高。大鲵喜居于阴暗环境，饲养池一般用石或砖块拱成不同大小的拱洞，池水阴凉，水温一般不超过 20℃；有大吃小的习惯，需大小分开养。2008 年以来，宁陕县积极推动山区农户发展大鲵养殖，龙泉大鲵繁育场攻克了"秦岭山区大鲵规模化高效人工繁育关键技术"，获得国家科技部原始创新奖。目前，全县已经建成规模化大鲵养殖场 20 个，养殖企业 80 家，养殖农户 2000 余户，年产大鲵种苗 10 万尾、养殖商品鲵 12 万尾。

　　林麝　属国家一级保护动物，体重 6~9 千克，体长 63~80 厘米。雌雄麝都不长角，雄麝上犬齿露出口外，呈獠牙状，尾巴很短，毛粗硬呈波浪状，深棕色，在颈部的两侧各有一条比较宽的白色带纹，一直延伸到腋下。雄麝分泌的麝香不仅有较高的药用价值，而且是一种名贵的天然高级香料，有软黄金之称。宁陕在历史上为麝香主产县，

林麝野化放归

1956 年统计收购麝香 14750 克，由于其价格昂贵，人为猎杀取麝致使野生资源枯竭，1985 年仅收购麝香 56 克。

　　人工养殖林麝在宁陕目前属于起步阶段。四亩地镇荣庚循环经济示范园负责人邓庚，2014 年开始养殖林麝，目前他的养殖场内已有林麝 100 多只。2017 年 6 月，"中国·陕西林麝首次野化放归"活动在宁东林业局响潭沟举行，13只养殖林麝放归山林。

　　梅花鹿　是一种中小型鹿，体长 125~145 厘米，体重70~100 千克。鹿茸、鹿角、鹿肉、鹿鞭、鹿胎膏等都可入药，有极高的药用价值和保健功效。丁小敏投资 700 万元，在自己老家开了鹿场，养殖梅花鹿、马鹿共 176 头。

养梅花鹿

她在村里雇佣了三个固定贫困户长期在鹿场打工，一个月3000元工资，一天管三顿饭，其他临时工一天100元。2016年，丁小敏共支出人员工资20万元，纯收入60多万元。

四、生态旅游

宁陕县自然环境优美，人口少，适合生态旅游。目前，宁陕县已经与28家企业签订了生态旅游投资意向，合计280亿元，完成投资20亿元，建成重点旅游区域3个，分别为大蒿沟国际山地运动度假区、朝阳沟休闲度假区、县城近郊宗教文化旅游区。

森林人家 广货街镇、筒车湾镇的农户依托景区发展森林人家产业，增收显著。

广货街镇蒿沟村，全村500余人，依托蒿沟旅游和峡谷漂流，全村开办森林人家45户，旅游旺季日接待能力超过6000人次，吸纳周边农村就业1000余人，收入近4000万元，农民人均收入从2008年的2000元增长到2015年16000元，实现了整村脱贫。

筒车湾镇七里村4个村民小组131户492人，其中贫困户74户214人。2013年开展美丽乡村试点，鼓励农户整治环境卫生、装修房屋，开办森林人家，发展乡村旅游。2015年村里开办森林人家14户，务工20人，共有16户49人通过森林旅游业实现脱贫。

2015年，宁陕县按照每户2万元~5万元的标准贴息奖补，共改造提升了102户森林人家。目前，全县在册森林人家212家，餐饮点达400余家，床位3210张，餐位近万个。2015年全县森林游接待142万人，综合创收5.2亿元。

民宿 近几年流行的休闲旅游方式，农民利用自用住宅空闲房间，供游客体验乡野生活的住宿。筒车湾镇七里村冯宗双家里有两个老人，两个孩子还在上学，加上建房欠的账，原先日子过得紧。2013年，通过美丽乡村建设，在政府帮扶政策的支持下，依托汶水河漂流和欢乐水世界开办民宿，他将自家的两层砖混楼房进行了装修，共10个房间，自己用了1间，其余作为客房，周末基本爆满。一间房间120元/天，年纯收入5万多元，全家仅此一项人均增收3000元。

森林采摘 猕猴桃和五味子成熟的时候，有村民上山采摘，一天可采野生猕猴桃约100千克，价格4元/千克左右，一天能挣300~400元。一天也能采五味子约50千克，鲜果价格20元/千克，300~400元也可卖给酒厂做五味子酒。2016年9月，宁陕县政府和京东集团公司举办"中国·宁陕首届野生猕猴桃节"，网络销售300吨，实现收入1200万元，同时带动了其他生态产品销售，收入500万元，实现农民增收200万元。

民俗

旅游劳务　依托旅游景区就地务工，既减少了旅游公司的雇工成本，又解决了当地村民的就业问题。杨丕清家有 50 头山羊，冬季旅游淡季时在家里务农，旅游旺季时老伴在家放羊，父子俩就去附近景区做临时工，儿子当保安一个月 3000 元，老杨把皮筏艇从下游运到上游 1 次 10 元，一个月约 2800 元。

旅游特色产品　农户自制的腊肉、腊肠、浆水菜、豆腐干、血粑粑、米酒等，可作为旅游产品销售，进而增加

民俗

农民收入。金川镇小川村胡理凯家，一进灶房就能闻到扑鼻的豆香，老太太与弟媳正在磨豆腐、点豆腐，准备做豆腐干和熏豆腐。这些豆腐是订单式生产的，儿子通过朋友圈宣传家里的农产品，好多城里的朋友来买，剩下的豆渣和废料可以喂猪，一年做豆腐收入1万多元。

山区旅游线路　分为一日旅游线路和多日深度旅游线路。

五味子

（一）一日游线路

1. 生态体验

西安出发，沿 210 国道，经十八丈瀑布、朱鹮野化放飞基地、蓬莱仙境石佛台、滨海生态园、金鸭浮舟城隍庙、环山森林公园，沿西汉高速返回西安。

2. 峡谷漂流

西安出发，沿 210 国道，经秦岭分水岭平河梁森林公园、广货街古镇、秦岭峡谷漂流、蒿沟森林人家，返回西安。

3. 天然氧吧

西安出发，沿西汉高速，经宁陕县城白云山、上坝河国际狩猎场、上坝河森林公园，返回西安。

4. 欢乐水世界

西安出发，沿西汉高速，经筒车湾欢乐水世界、苍龙峡森林公园或海棠园村乡村游，返回西安。

5. 休闲度假

西安出发，沿西汉高速，经皇冠镇、野生金丝猴山林、皂矾沟生态养殖基地，返回西安。

（二）多日游线路

1. 休闲度假

西安出发，沿 210 国道，经秦岭平河梁高山草甸、广货街古镇、秦岭峡谷漂流、三烈士陵园、白云山、筒车湾欢乐水世界、秦岭朝阳沟，返回西安。

2. 猎奇探险

西安出发，沿 210 国道，经秦岭主梁、白云山、上坝河森林公园、上坝河国际狩猎场、悠然山高山湿地、汶水漂流、筒车湾欢乐水世界、苍龙峡森林公园，返回西安。

五、森林康养

森林康养　以森林景观、森林空气环境、森林食品、生态文化等为基础，配以养生休闲、医疗康体等服务设施，开展以修身养性、调适机能、延缓衰老为目的的森林游憩及度假、疗养、保健、养老等活动。森林里富含芬多精，可增强人体免疫力，具有特殊的医学功能，森林康养对人体健康具有明显的促进作用。

秦岭山地雨量充沛，气候湿润，森林覆盖率达 90%，空气中负氧离子含量高达 3.5 万个/立方厘米。陕西省林业厅《关于大力推进森林体验和森林养生发展的意见》中提出，"十三五"期间建成 50 个森林康养基地和 50 个森林体验基地。2017 年 5 月，来自中国企业医院协会、西安市职工医院协会的 20 多位医院院长和专家，在宁东自然学校体验森林健康管理活动。森林康养引导员带领院长和专家们体验了森林漫步、森林早操、森林休憩、森林呼吸、日光浴、大笑疗法等，所有体验者感到前所未有的开心和放松。当地政府提出了山区全域森林生态旅游，已经建成旬阳坝、悠然山、上坝河等康养基地；与海荣集团等企业合作，在皇冠森林小镇实施森林康养计划，2017 年迎来了首批康养爱好者。

　　秦岭之水　秦岭山泉系列产品采自地下泉水，水源地处于广货街镇沙沟村，水质清澈纯净，口感清冽。山区内植被茂密，天然山泉水含有多种人体必需的微量元素，如锶、锌、硒等，锶的含量达到矿泉水标准 0.20~0.70 微克/升，pH 值 7.20~7.90，呈弱碱性。

　　岭南秦岭山泉饮品有限公司有 6000 瓶/小时 PET 生产线，2000 瓶/小时玻璃瓶生产线，500 桶/小时桶装水生产线，2000 桶/小时家居用水生产线，水处理 10 吨/小时。

六、生态补助

1. 集体林权改革收益

　　集体林权制度的改革，增加了贫困人口资产性收入。宁陕县积极开展林地三权分立改革和公益林预收益抵押融资，坚持林地集体所有权、个人承包权不变、剥离经营权，加大林地经营权流转，"林地经营权证"可融资、可流转、可入股，促进集体林地集约化、规模化经营，促进森林休闲旅游产业发展，为林业生态扶贫注入了新活力。山区村民人均林地 50 亩，产权明确、承包到户，贫困户以林业资产入股分红、融资收益等方式，人均增加资产性收入 300 元/年以上。

2. 生态效益补偿

宁陕县在全国贫困县中第一个用县本级财政投入生态保护补偿，从 2016 年起，县财政每年筹措 650 万元，把地方公益林生态补偿标准从 4.75 元/亩提高到 14.75 元/亩，涉及 65 万亩，惠及全县 3297 户群众，户均新增收入 180 元/年。全县 40 个贫困村有国家和省级生态公益林 73.6 万亩，每年生态补偿涉及贫困户 5113 户贫困人口 13458 人，户均补偿资金 320 元/年。

3. 退耕还林补偿

1999 年实施的退耕还林工程，分前 8 年和后 8 年对退耕还林农户进行补偿，前 8 年兑付标准为 210 元/亩，后 8 年兑付标准为 105 元/亩、管护费 25 元/亩。宁陕县贫困户年人均退耕还林 1.5 亩，年人均收益 195 元（第二个 8 年兑付标准）。从 2015 年开始实施新一轮退耕还林工程，宁陕县当年实施退耕还林 6500 亩，优先安排贫困村和贫困户，贫困户每年因退耕还林政策补助人均增收 787 元。竹山村花屋组陈胜忠家退耕还林 10.5 亩，每年按新标准补贴退耕还林和管护费共 2467.5 元，300 亩生态公益林，每亩生态公益林每年补贴 13 元，公益林补贴共 3900 元，合计林业补贴 6367.5 元。

4. 产业发展补助

宁陕县设置了生态经济发展专项基金，重点用于生态旅游、森林种养、生态保护专项扶持，对新建林业园区、重点企业、专业合作组织和产业示范大户实行以奖代补。2016 年、2017 年两年累计安排的奖补和扶持资金达 2500 万元。

竹山村花屋组陈胜忠家共 7 口人，2017 年种 4 亩魔芋，补贴 3600 元。陈胜忠说，虽然板栗、核桃今年还都没收入，家里还有 200 窝天麻、150 窝猪苓、300 亩林权地 、10.5 亩退耕还林地、114 亩生态公益林地，一年收入 7.1 万元，人均收入 1 万元。

5. 林业重点生态工程收入

宁陕县每年财政预算一定的资金，用于扶持实施天保工程、长江防护林工程、森林抚育、低产低效林改造等林业重点生态工程和重点区域造林绿化项目，实施项目时优先采购合作社的服务、聘用有劳动能力的贫困户；同时以大熊猫国家公园、秦岭旬阳坝森林康养基地、陕西省林麝良种繁育基地、旬河国家级湿地公园和皇冠山自然保护区建设为重点，扶持实施大熊猫、林麝、朱鹮、金丝猴、兰科植物、古树名木等保护项目，为有劳动能力的贫困人口

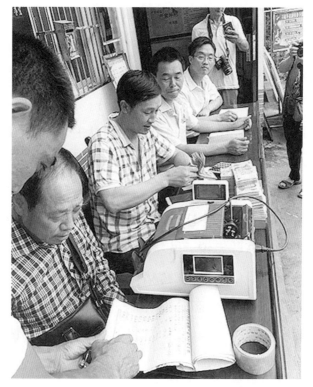

补偿金兑付

提供公益服务性就业岗位，农民依托林业重点生态工程实现增收。

2015年，宁陕县林业局在江口镇新铺村试点。安明建是江口镇新铺村核桃板栗合作社的负责人，合作社承包了板栗管理和生态抚育工程，参加生态抚育的51户村民中，贫困户40户，一天100元管吃管住，工资按日结算，项目做完后每人收入4000元。2017年落实幼林抚育项目资金

440 万元、森林经济项目资金 100 万元、核桃产业提质增效奖补资金 515 万元。三项工程正在有序推进，当年可带动 300 户贫困户户均增收 3000 元。

七、生态护林员

宁陕县制定了生态脱贫实施方案和生态护林员选拔聘用办法，从 2016 年起至 2018 年，山区聘任 812 名 18~60 周岁的建档立卡贫困人员为生态护林员，每个护林员年工资 7000 元，实现一人护林全家当年脱贫，仅此一项全县贫困户人均增收 590 元。

县林业局负责人介绍，护林员每周最少巡山 5 次，每次要在管护区固定地点照相，并将照片上传至护林员管理云平台，填写巡山护林日志，以此对其进行监管考核。除了日常管护、宣传林业政策、制止并上报林业违法行为外，护林员还承担着本责任区的河道管理、国土保护等环境保护监督工作。

安坪村贫困户周秀军，33 岁，家中 6 口人全靠他一人在杭州打工维持生计，由于父母年老多病、两个孩子年幼，2015 年返乡，被聘为护林员。

陈良能，51 岁，通过上岗培训成为首批生态护林员，他说："我原先在外地打零工，因为腰椎不好过得很艰苦，这两年回到老家，当上护林员每年有 7000 元的固定收入。"

八、传统种植业

土壤　山区有 4 类 10 个亚类土壤，22 个土属 65 个土种，以黄棕壤、棕壤为主，潮土、水稻土占比很小。土壤呈明显的垂直分布，黄棕壤分布在海拔 800~1300 米的中山地区，占土地面积的 48.03%，是粮食生产的主要土壤；棕壤分布在海拔 1300 米以上的高山地区，占 51.27%，是林特产品生产的主要土壤；水稻土分布在海拔 1000 米以下的山间谷地，占 0.48%，是在长期淹水状态下经水耕熟化形成的特殊农业土壤；潮土在广货街、太山庙、城关、龙王等镇，沿河两岸的河谷滩地上分布，经耕种熟化而成，占 0.22%。

基本农田与耕作　调查的 23 个村，基本农田数量少，水田更少，立地条件差。基本农田包括水田、旱田、撂荒地共计 52261.6 亩，人均 0.74 亩。坡地 174354.9 亩，大于 25°的陡坡占 33.55%，其中还有部分退耕还林地。农民在相对较平缓的山地和河道溪流开垦田地，种植少量土豆、油菜、蔬菜等。山区 70%的耕地坡度较大，分散在森林之中的耕地面积较小，最大不过 5 亩，最小只有几分地，只能通过牛耕人作的方式开展种植作业。农村常用的生产农具为铁锨、锄头、镰刀等，畜力在山区生产、生活的作用不

宁陕县首批生态护林员上岗培训会

大，养牲畜种田不合算，除了少数家户用耕牛做畜力，很少见到养马、骡子、驴等牲畜。位于沟道的耕地地势较为平坦，虽能使用机械耕作，但耕地总量不大，机械耕作成本较大。山区村镇较为分散，组与组之间距离也较远，户与户之间也不集中，行政村距镇政府所在地5~60公里。随着生态环境持续好转，野猪、松鼠等野生动物对农作物的影响也不容忽视，四亩地镇严家坪村村民蒲春贵家的1.5亩玉米，曾因被野猪糟蹋而绝收。

　　农作物效益　农作物包括粮食作物、经济作物（油料、蔬菜、花、草、树木等）两类，种植结构较为单一，在农户之间大同小异，总体以玉米、水稻、土豆为主，品相较好的粮食自己食用,品相较差的粮食和农作物秸秆作为饲料。

　　玉米因其产量较高，秸秆可以给猪、羊、牛当饲料，是山区种植范围最广的粮食作物，主要种植在较好的台地、缓坡地上，亩产 150~200 千克，2016 年玉米销售价格在 1.6~2 元/千克。20 世纪 80 年代在低山区还种植小麦，高山区十年九不收，由于产量和品质上不去，山区几乎不再种植。

　　水稻产于山脚河道两侧，大部分为一年一熟，少部分低山川道可以一年两熟。由于种植收益较低，传统水稻种植已萎缩，由于"金优 2362"和"金优 360"适合山区种植，有机水稻种植快速发展。海棠园村贫困户汤友平家，2016 年种植有机水稻 3.8 亩，产稻谷 1000 千克，毛收入 5000 元。家里两个劳动力，在插秧和割稻的季节村里都有换工的习俗，以前插秧的时候，要喝插秧酒，半天插秧半天喝酒。筒车湾镇、太山庙镇、四亩地镇三个镇有 420.7 亩稻田，2016 年出产有机大米 140 吨，依靠合作社带动农户，共有种植户 181 户，带动贫困户 74 户。合作社免费提供有机水稻种植培训，无偿向农户提供种子、有机生物肥料 12.5 吨、生物制剂 907 支。电子生产日志全程记录生产过程，对种植的稻谷在生长的不同阶段留下照片和视频等影像资料，可以进行农产品质量安全追溯。到了收割的季节，合作社以 5 元/千克的价格收购，2016 年出米率比较低，在 50%左右，大米卖给收购商的价格为 20 元/千克。

土豆，又称洋芋，是主要副食作物，山区每户房前屋后均种植洋芋，供自己食用，很少作为商品出售。山区有晒干洋芋片的习惯，做法是把个大圆润的鲜洋芋清洗、去皮、切片、去除淀粉后，将洋芋薄片在开水锅内煮烫后捞出，放置在室外自然晾晒或采用设备烘干，食用时可保持不糊、不烂，味道鲜美。

九、劳务务工

1. 外出务工

政府多次组织农民及下岗人员劳务输出，先后为省内外100多家用工单位直接组织输出劳动力23500多人次，也有亲戚朋友帮带的方式外出务工，务工人员多分布在沿海地区和内陆发达城市。大量劳动力外出务工的原因有很多，一方面，山区耕作条件差，耕地面积少，实施农村公益事业、基础设施、退耕还林等建设占用了土地，再次移民搬迁使农民生活方式发生了变化，使得农村涌现出大量的剩余劳动力；另一方面，也是新一代农村青年对城市生活的向往。山区2万多农户中，基本上每两户就有一人在外务工，举家外出务工的也不在少数，务工收入已占到农民纯收入的20%。

梯田

山区外出务工方式分为两种：一种是男劳力外出打工，妇女老幼在当地干农活，照顾家庭；另一种是举家外出务工，妻子和子女跟着丈夫出去，妻子做点小生意，子女在当地农民工学校上学。

金伟是江口镇的回族小伙子，17 岁外出务工，在上海工厂做过流水工，在西安卖过烤肉。他说："当时出去的时候年龄比较小，啥也不懂，我堂哥在哪儿打工我就跟到哪儿。在上海打工给人做相机壳子，就是检查传送带上的相机壳子有无划痕，一天干 12 个小时，能检查 2000 多个相机壳子，一个月工资 3000 元，年轻人爱玩，落不下闲钱。

干了两年没有意思，就回到西安在自强路帮着亲戚晚上卖烤肉，一个月工资 5000 元。在西安朋友多，人也熟，工资高，离老家江口镇近，开斋节基本上都能回家。"

竹山村李宁家里人多耕地少，一家人在西安做室内装修，自己和妻子干贴瓷砖粉墙的活儿，儿子和侄子学着干木工。他说："我们一家能装修完一套房子，干装修活儿苦，但工资挺高的，像我这样的一个月能挣万儿八千，儿子估计能挣四五千。"打工 7 年，老家的房子都重新盖成小洋楼了。

2. 就近务工

外出务工有利于增收，但容易产生社会和家庭矛盾，有些外出打工收入刚够生活费，没有结余。有些人将孩子和老人留在家里外出打工，久而久之，亲情淡漠了。县里发展森林经济和生态旅游，不断增强吸纳富余劳动力的能力，很多外出务工人员陆续放弃了外出务工，转而选择就近打工挣钱。在家附近打工，既赚钱又能照顾家人。县里也出台了很多鼓励扶持政策，已为 104 名返乡人员办理了小额担保贷款，贷款金额达 700 余万元。

目前返乡农民就业的人数占到富余劳动力人数的 17%，其中有 70%以上从第一产业转移到第二、第三产业。返乡就业人数中，有 1041 人参加了就业培训，有 467 人创办了

企业或经济实体 234 个，企业规模 10 万元以下的 204 个，10 万~30 万元的 21 个，30 万元以上的 9 个。累计投资金额 1400 万元，带动就业人数 296 人。

江口镇的金俊以前在西安打工，回乡后继承了姑姑的清真餐馆。这家餐馆在当地小有名气，客流量较大。餐馆雇了 6 个在镇上陪娃上学的回族妇女，金俊和妻子加上大厨总共 9 人在餐馆就业，2016 年餐馆纯收入 7 万多元。

陈廷金是城关镇人，在皇冠镇做工，2016 年在武汉打工，在一建筑队当泥瓦工，工队按天发工资，天气好的话一个月能挣 6000 元，如果持续阴雨一个月挣 2000 元，除春节 10 天回家过年外一直在工地，春节回家只带回去 1 万元，算上来回路费、吃住等开销，收入还不如在家种地挣得多。

筒车湾镇许家城村比较特殊，全村 405 户 1332 人，35% 的村民就近务工，因筒车湾镇旅游业比较成熟，有漂流公司和公路服务区等，为村民提供了 1000 多个就业岗位，招收 18~60 岁的农民。村主任李金国说："一年干 10 个月，相对比较轻松，工资待遇每月 2000~3000 元，大部分外出做工的年轻人回来做工还可以照顾家人。许家城村的村民发展森林人家，经营好的能挣 10 多万元，平均盈利 6 万元。"靠街面的村民盖起了二层楼，买了小汽车。

3. 劳务趋势

以前的劳务经济是农村劳动力利用体力以及有限资金在家庭以外就业或从事非农产业的经济活动，随着人口素质的提高和政府、企业对务工人员加强培训，劳动力素质不断提高，山区劳务经济逐渐向精细化、科技化发展，就业范围越来越广。

贫困户参与造林绿化工程

县城三星小区，相当一部分高楼住宅住户是外出做工返乡的农民，有的人经过几年的成功奋斗，回乡创业，一些回乡创业的务工人员成为当地的翘楚。谢濮骏是返乡大学生，2015 年参加了就业培训，从县人社局申请到了创业贷款，2017 年担任旅游景区四个项目的总经理，年营业收入近 40 万元，成了大学生创业代表、筒车湾镇致富的带头人，山区还有 50 余名大学生实现了自己的创业梦。

十、企业与合作社

1. 重点企业

海荣集团公司。2005 年启动皇冠镇区的开发，朝阳沟 60 岁以上的老人，每月可在该公司领取补贴 100 元。公司已累计向开发区域内考上大学的 265 名学生发放补助资金 321 万元；酒店、体育运动中心全部聘用当地村民，累计安置就业 900 多人次。此外，采取垫付前期投入资金，扶持部分村民家庭养殖土鸡、种植蘑菇木耳。

凯迪绿色能源开发公司。外商投资企业，流转 64.85 万亩林地，累计支付流转费 3188.9 万元，涉及 56 个村 3779 户，其中建档立卡贫困户 742 户 1626 人，人均每年领取流转费 511 元，户均 1120 元，带动脱贫户 2200 户。

秦南菌业科技公司。从事秦岭食（药）用菌产品开发、菌株选育、品种试验、新技术研发与推广以及菌产业原辅材料供应。按照"政府+科研机构+龙头企业+专业合作社+示范园区+农户"的菌产业发展模式，在山区推广栽培新技术，提供产、供、销服务，通过食用菌合作社带动 1200 户贫困户脱贫。

滨海科技实业有限公司。从事生态旅游及农产品加工。

2016 年投入 110 万元用于特色产业扶贫，包括中蜂养殖、土鸡养殖以及食用菌、高山有机杂粮、蔬菜种植等，免费为贫困户发放蜂具、鸡苗籽种、有机肥料。

2. 林业合作社

山区的合作社众多，涉及林业的各个方面。林权制度改革使得农民多了一份生产资料，多了一份家产，村民分

秦南菌业科技公司

到的山林少的有几十亩、多的有上千亩，户均承包的森林资源价值近百万元。农村流传"多年都是穷光蛋，一夜有了几十万"。但是林地是资产不是资本，林改后农户对林地的经营是相对分散的，只有把林改后分散的林地通过一定的组织形式实施规模经营，让农民不断增加现金收入，林农分得的山林才能真正成为摇钱树，实现"山定主、树定根、人定心"的林权改革目标。

2009 年开始，山区开展了推进林业专业合作社建设的林权配套改革工作，鼓励大户和社会主体组建了森林中药材、食用菌、板栗、核桃、蚕桑等专业合作社，推动林业产业朝着专业化、规模化、市场化发展。

四亩地镇罗家沟板栗园合作社，采取合股分利形式，统一板栗园生产经营，户均收入 5000 多元，成为山区的典型。广货街镇北沟村丰富天麻合作社，入社农户 110 户 344 人，2011 年种植天麻 24 万窝，收入 360 万元，户均超过 3 万元，该社村民魏永红种植天麻 600 窝，收入 10 万元。新场镇农民王朝政 2010 年 2 月返乡后，创建了养蜂合作社，办起了土蜂蜜加工厂，带动当地 100 多农户养殖中蜂，2015 年新场镇养蜂 480 桶，2017 年增加到 1800 桶。

林业种植专业合作社基本情况统计表

序号	专业合作社名称	注册资金（万元）	地址
1	旬宝猪苓专业合作社	6	城关镇旬阳坝
2	太山庙乡双建村花椒种植专业合作社	5.3	太山庙镇双建村
3	龙王镇西沟村食用菌专业合作社	5.48	龙王镇西沟村
4	汤坪村源森食用菌专业合作社	5	汤坪镇汤坪村
5	四亩地镇罗家沟板栗专业合作社	94	四亩地镇严家坪村
6	兴新珍科食用菌专业合作社	20	城关镇寨沟村
7	滨海现代农业专业合作社	100	城关镇朱家咀村
8	十八丈食用菌专业合作社	50	城关镇寨沟村
9	新场镇花石猪苓种植专业合作社	68	新场镇花石村
10	绿宝生态农业专业合作社	150	城关镇五郎关
11	永森专业合作社	42	城关镇汤坪村
12	梅子镇宏发食用菌专业合作社	50	梅子镇南昌村
13	梅子镇生凤魔芋专业合作社	24	梅子镇生凤村
14	旬阳坝秦森种植专业合作社	500	城关镇月河村
15	鸿安农产品专业合作社	20	城关镇寨沟村
16	王平农林生物科技专业合作社	680	城关镇老城村
17	汤坪青龙食用菌专业合作社	5	汤平镇汤坪街
18	江口镇敬农专业合作社	100	江口镇江河村
19	皇冠镇油房坪村皂矾猪苓专业合作社	30	皇冠镇油房坪村
20	城关镇言琴果蔬专业合作社	3.5	城关镇朱家咀村

续表

序号	专业合作社名称	注册资金（万元）	地址
21	城关镇世海猪苓种植专业合作社	50	城关镇栗榨村
22	筒车湾镇桄杆坝蔬菜专业合作社	15	筒车湾镇桄杆坝村
23	城关镇旬鑫种植专业合作社	300	城关镇旬阳坝村
24	映山红魔芋专业合作社	150	广货街镇沙沟村
25	江口镇衍庆猪苓专业合作社	50	江口镇江河村
26	城关镇银福猪苓种植专业合作社	100	城关镇青龙村
27	柏杨中药材种植专业合作社	10.8	城关镇关二村
28	江口兴盛板栗专业合作社	62.5	江口镇江口街
29	城关镇华庆种植专业合作社	150	城关镇华严村
30	城关镇群松生态农牧专业合作社	48	城关镇狮子坝村
31	丰富镇北沟天麻专业合作社	10.8	丰富镇北沟村
32	丰富镇和平猪苓种植专业合作社	4.9	丰富镇和平村
33	绿康蔬菜专业合作社	10	城关镇贾营村
34	旬阳坝七里村绿源种植专业合作社	165	旬阳坝镇七里村
35	旺达苗木种植专业合作社	200	广货街镇沙沟村
36	长新种植专业合作社	198	城关镇月河村
37	江口镇残疾人魔芋种植专业合作社	25	江口镇江镇村
38	诚信食用菌专业合作社	11	城关镇贾营村
39	亲亲农产品专业合作社	50.5	城关镇老城村
40	皇冠镇兴隆村猪苓种植专业合作社	139	皇冠镇兴隆村
41	绿园苗木专业合作社	100	城关镇华严村

续表

序号	专业合作社名称	注册资金（万元）	地址
42	城关镇山泉蔬菜种植专业合作社	12	城关镇龙泉村
43	鹏程专业合作社	200	城关镇老城村
44	江口镇新铺村核桃板栗专业合作社	75.64	江口镇新铺村
45	广友猪苓种植专业合作社	120	江口镇冷水沟村
46	丰富镇广丰中药材种植专业合作社	6	丰富镇猴子坪村
47	旬阳坝锦诚苗木专业合作社	300	城关镇大寺沟村
48	振鑫药材种植专业合作社	110	广货街镇沙沟村
49	太山庙镇乾鑫农业专业合作社	90	太山庙镇太山庙村
50	袁月超药材种植专业合作社	350	筒车湾镇七里村
51	新矿龙凤猪苓种植专业合作社	20	太山庙镇龙凤村
52	食用菌农民专业合作社联合社	366	城关镇旬阳坝
53	太山庙镇明德中药材种植专业合作社	100	太山庙镇长坪村
54	长青苗木种植专业合作社	100	城关镇龙泉村
55	洪华现代农业专业合作社	100	城关镇朱家咀村
56	江口兴盛种植专业合作社	62.5	江口镇江口街
57	四亩地绿都农产品专业合作社	18	四亩地镇四亩地村
58	丰农种植专业合作社	200	新场镇同心村
59	隆运生态农业专业合作社	80	龙王镇和平村
60	兆丰中药材专业合作社	360	太山庙镇双建村
61	老房子猪苓种植专业合作社	110	太山庙镇龙凤村
62	盛合生态农业专业合作社	70	龙王镇中华村

序号	专业合作社名称	注册资金（万元）	地址
63	农合种植专业合作社	150	筒车湾镇龙王坪村
64	秦曾召群中药材专业合作社	100	太山庙镇太山庙村
65	中庄联社农村专业合作社	10	筒车湾镇许家城村
66	待兴中药材种植专业合作社	25	筒车湾镇油坊坪村
67	安平种植专业合作社	10	城关镇老城村
68	新场镇天花山种植专业合作社联合社	3	新场镇花石村
69	富源种植专业合作社	525	江口镇江镇村
70	太山庙富民种植专业合作社	50	太山庙镇油坊村
71	绿缘种养殖专业合作社	60	龙王镇中华村
72	太山庙镇高山源种养殖专业合作社	50	太山庙镇油坊村
73	胭脂坝农业种植专业合作社	100	太山庙镇太山村
74	盛元种植专业合作社	1000	城关镇华严村
75	敬友中药材种植专业合作社	30	筒车湾镇龙王潭村

十一、社会保障

1. 最低生活保障

地方政府为家庭人均纯收入低于当地最低生活保障标准的农村贫困群众，按最低生活保障标准，提供维持其基本生活的物质帮助，其标准随着当地生活必需品价格变化和生活水平提高适时调整。保障对象主要是因病残、年老体弱、丧失劳动能力以及生存条件恶劣等原因造成生活常年困难的农村居民。

2016年，省民政厅在宁陕县开展农村低保兜底保障试点，涉及 25%的乡村人口，包括因病、残、年老体弱、丧失劳动力以及生存条件恶劣等因素造成生活困难的农村低保对象，家庭人均收入低于农村扶贫标准、有劳动能力和劳动意愿的农村居民。

2. 新型农村养老保险

新型农村养老保险简称新农保，是以保障农村居民年老时的基本生活为目的，建立个人缴费、集体补助、政府补贴相结合的筹资模式，

养老待遇由社会统筹与个人账户相结合，与家庭养老、土地保障、社会救助等其他社会保障政策措施相配套，由政府组织实施的一项社会养老保险制度。2009年10月，山区启动了新型农村养老保险试点工作，一年多时间，新农保参保人数达 37471 人，参保率高达 98.2%，累计收缴保费695万元，发放养老金1047万元。

3. 残疾人补助

2015 年，国务院发布了《关于全面建立困难残疾人生活补贴和重度残疾人护理补贴制度的通知》，鼓励有条件的地方扩大补贴范围。宁陕县 2016 年补贴标准如下：

困难残疾人生活补贴：18 周岁以下生活困难的残疾人，每人每月 100 元；18 周岁以上的成年残疾人，每人每月 60 元。

重度残疾人护理补贴：一级残疾人，每人每月 120 元；二级残疾人，每人每月 80 元。

第三章
家庭支出

一、普通家庭

梅子镇安坪村村医黄德银夫妻育有一子，现 25 岁，没有结婚，在外打工。黄德银担任村医每年工资补贴共 24000 元，家有 50 只土鸡、10 只羊、4 亩玉米、21 亩板栗和核桃林（林中套种魔芋）、50 亩生态公益林。2016 年，其家庭支出共 23179 元，明细如下：

1. 生活费用支出

吃　饭：4000 元

衣　物：5000 元（儿子准备结婚，买衣物花 3000 元）

日用品：500 元

油盐酱醋：400 元

交　　通：1000 元

医　　疗：1000 元

电　　费：279 元（年用电 569 度）

电话费：1200 元

年　　货：2000 元

随份子（随礼）：4000 元

合　　计：19379 元

2. 生产费用支出

天麻和猪苓种子：1000 元

种玉米：500 元

买鸡苗：300 元

其　　他：2000 元

合　　计：3800 元

二、病患家庭

筒车湾镇海棠园村瓦屋组汤友平夫妻育有一双儿女，一家 4 口人，儿子在西安打工，女儿因患病陪在父母身边。汤友平家家庭支出最多的是为女儿看病的医疗费。2016 年，其家庭支出共 42405 元，明细如下：

1. 生活费用支出

吃　饭：2000 元（早饭很简单，中午米饭加两个菜，晚饭吃面）

衣　物：2000 元

日用品：500 元

油盐酱醋：300 元

交　通：2000 元（经常去县城和西安给女儿看病）

医　疗：25000 元

电　费：145 元（年用电 296 度）

电话费：2160 元（家庭套餐 180 元/月）

年　货：1000 元

随份子（随礼）：5000 元

合　计：40105 元

2. 生产费用支出

种玉米犁地：800 元

请人种水稻：500 元

其　他：1000 元

合　计：2300 元

三、有学生家庭

江口镇竹山村船扒组刘宏清夫妻育有两子，大儿子上大学，小儿子上小学，刘宏清常年在河北当建筑工人，只有过年回来，妻子和公公婆婆在家务农，2017 年初被聘为生态护林员。刘宏清家有 4 间土木房、1 头猪、20 只鸡、3 亩地、15 亩柴山、56 亩生态公益林、6 亩退耕还林地。2016年，其家庭支出共 23100 元，明细如下：

1. 生活费用支出

吃　　饭：2000 元

学生杂费生活费：10000 元

衣　　物：2000 元

日用品：200 元

油盐酱醋：300 元

交　　通：2000 元

医　　疗：1000 元

电　　费：200 元

电话费：1700 元

年　　货：1000 元

随份子（随礼）：600 元

合　　计：21000 元

2. 生产费用支出

种地买化肥：600 元

其　他：1500 元

合　计：2100 元

第四章

教育卫生

一、教育状况

2009 年，宁陕县开始实行高中免费。2011 年 9 月，学前教育全部免费，实现了从幼儿园到高中 15 年免费教育。2017 年，全县设高中 1 所、初中 4 所、小学 21 所、幼儿园 23 所，共有学生 9178 人，教职工 878 人。

全县学校的基础设施有了很大的改善，已经看不到砖木结构或土木结构的教室。全县有 18 所中小学建了塑胶运动场，占学校总数的 69.2%，幼儿园活动场地全部软化，26 所中小学和 23 所幼儿园全部实现 100 兆光纤宽带接入，多媒体教学设备"班班通"普及率 100%，多数学校配备微机室和远程教育设备，学校的硬件设施不再是制约农村教育发展的重要因素。

二、教师与教学

新场小学是一所幼儿园和小学合办的学校，占地 1200 平方米，两层砖混楼共有 11 间房。学校教职工共 8 人，其中，特岗 4 人，外聘 1 人，教师均为师范院校中专毕业，其中有 4 名正在进修本科。该校特岗教师工资 2580 元，任教满 3 年后大多数都能转为正式教师，工资 3500 元。学校共有幼儿班和一到六年级 7 个教学班，学生人数 32 人，其中幼儿班 11 人，3~5 岁学生不分班一起上课。小学有 21 人，一年级 4 人，二年级 4 人，三年级 3 人，四年级 2 人，五年级 3 人，六年级 5 人。

由于师资有限，学生少，新场小学采取复合教学方式，在一个教室有两个或多个年级的学生，一个教师在一节课里给几个年级的学生授课，一个教师要兼任多门课程教学。例如，校长康海燕既要负责学校的行政管理工作，还得给四、六年级学生上英语、思想品德、美术、书法等课程；特岗教师蒲佳负责一、三年级的语文、音乐等课程。一般情况下，一节课 40 分钟，比如英语课，前 20 分钟给四年级的学生授课，后 20 分钟给六年级的学生授课，而前边上完课的四年级学生继续留在教室里做作业，或者是旁听六年级的课程。竹山村小学只有一个教师和 8 个小学生。教学方式与新场小学相同。

这种教学方式虽然整合了教育资源，避免了一两个学生占用一间教室所造成的资源浪费，但加重了授课教师的负担，对教师的要求更加全面，对学生的正常学习也有一定的影响。

三、生活与管理

在学校食宿方面，新场镇小学教师两人一间宿舍，带有独立卫生间；学生宿舍为一间房，两张架子床可住 4 人，目前新场小学共有两个学生住宿。

学校外聘了一名厨师，负责给学生做饭，食材由学校专职负责营养计划的人员采购，住校生一日三餐都在学校，走读生在学校吃午餐与晚餐。

宁陕县实行农村义务教育学生营养改善计划，标准为每个学生每天 6 元，贫困户学生由县里直接补助 6 元，非贫困户学生补助 4 元。每个学期教学日约 100 天，所以每个家庭用于孩子的伙食费用支出，平均每天只花 1 元钱。

竹山村小学教室

竹山村小学教师办公室

竹山村小学全校师生

四、生源渐少的困境

在校生的数量逐年减少，一方面，农村的出生率低，虽然有了生育二胎政策，但是养育子女的压力增加，一般家庭都不怎么愿意生二胎；另一方面，条件较好的家庭，一般都会将孩子带到教育资源更好的县城学校去。2016年，新场镇新生婴儿有 7 人，1 岁幼儿 2 人，2 岁幼儿 3 人。从这个数字来看，未来几年生源减少成为新场小学面临的问题。

随着生源的减少，以及大量学生外流，新场镇小学可能会出现人去楼空、大量教室和教育资源闲置的现象。除了县城小学和人口比较集中的江口镇小学之外，山区其他镇的办学情况大多类似于新场小学。

新场小学的办学现状非常具有代表性，能够很好地反映山区教育存在的问题，学生数量逐年减少，学校的办学积极性减弱，教育质量下滑，从而加剧了学生数量的减少。因此，鼓励孩子进城，还是鼓励教师下乡；是促进教育本地化结构升级，还是发展集中型教育，需要思考。

2017 年度山区小学情况统计表

镇	学校	一年级	二年级	三年级	四年级	五年级	六年级	合计
城关镇	宁陕小学	248	206	355	236	256	211	1512
	华严小学	30	29	29	27	17	19	151
	汤坪小学	11	13	13	12	11	10	70
	贾营小学	19	23	22	19	20	26	129
	旬阳坝小学	9	12	8	11	13	10	63
江口镇	江口小学	46	55	41	34	41	47	264
	高桥小学	24	13	17	14	14	19	101
	新庄小学	18	23	25	17	24	41	148
	竹山村小学	2	2	3	1	0	0	8
广货街镇	沙沟小学	18	13	22	13	21	20	107
	丰富小学	3	8	10	6	8	11	46
金川镇	小川小学	15	18	14	14	20	18	99
	黄金小学	20	7	13	12	13	14	79
龙王镇	龙王镇小学	23	16	15	22	18	27	121
	铁炉坝小学	9	11	10	6	14	17	67
太山庙镇	新矿小学	12	11	13	14	14	7	71
	长坪小学	14	9	11	10	4	7	55
	新建小学	5	6	8	10	6	13	48
筒车湾镇	筒车湾小学	30	24	46	38	39	37	214
四亩地镇	蒲河九年制学校	31	32	39	42	23	35	202
皇冠镇	皇冠小学	16	16	11	17	12	9	81
新场镇	新场小学	4	4	3	2	3	5	21
梅子镇	梅子小学	14	24	17	13	22	10	100

五、卫生状况

宁陕县 11 个镇都设有卫生院，人员编制 3~30 人，业务量大的卫生院，会临时聘用医务人员。镇卫生院一般都可进行 B 超、心电图、口腔、血液分析、X 光等检查。

各行政村建起了村卫生室，配备有村医，县卫生局根据村大小和业务工作量来核算村医的工资，村医工资待遇为每年 2 万~5 万元。村民的健康水平有了很大提高，免费接种一类疫苗普及率达 100%，65 岁以上的村民在镇卫生院可以享受免费体检，育龄妇女可在镇卫生院或县保健院免费孕检。

户户都用自来水，洗脸刷牙已经很普遍。一般家庭一个星期洗一次衣服，一年也能在城里洗几次澡，出门穿衣比较整洁。妇女经期都用卫生纸，条件好的用上了舒适的卫生巾。每个镇都有公厕和垃圾池，多数村有公厕，离集镇较远的村没有公厕，垃圾没有专门收集的地方。

六、农村合作医疗

山区的农村合作医疗经历了四个阶段：

1969—1971 年创办初期。1968 年 12 月，宁陕县学习湖北省公社合作医疗经验，抽调人员下乡创办农村合作医疗。1970 年底，全县 144 个大队共有 139 个实行了合作医疗。当时大部分赤脚医生只经过短期培训，仅具备简单的医药常识，医疗站筹集资金购进一些西药，由于看病用药不要钱，因此大部分医疗站的资金在短期内被花光，形成既无药又无钱的局面，有的名存实亡。1970年创办的139个合作医疗站，到1971年仅剩20个。

1972—1978年巩固阶段。为了巩固农村合作医疗，开始走土方、土药、土医和自采、自种、自制、自养的道路。生产大队组织采药专业队，进深山老林采挖中草药。发动群众献药献方，办起了药场，采取以场养站，以站带场的办法。一般合作医疗站都划有2~3亩药园地，由赤脚医生种植中草药，同时还号召社员在房前屋后种植中草药，中草药除了自己留用外，多余的卖给国家，用卖药的钱购回医疗站需要的药品。1977年，全县种植中草药1238.8亩，自采自种中草药6191.5千克。

1979—1985年消逝阶段。农村经济承包责任制实行后，合作医疗站承包给赤脚医生，合作医疗站逐渐失去合作的性质，不少医疗站相继关门。

2006年后的新型农村合作医疗阶段。新型农村合作医疗从根本上改变了群众的就医状况，患病群众能得到及时治疗。新型农村合作医疗的运作流程为：参加了新型农村合作医疗的患者，如需看病住院，携带户口本、合疗证、合疗缴费票、合疗卡到看病所在医疗机构（村卫生室、乡镇

元潭村卫生室

卫生院、县医院、市医院、省级医院）办理门诊诊疗和住
院手续，门诊报销根据按户封顶、全家通用、取整兑付的
原则报销；办理住院手续是根据所住医院规定，需交付一
定金额的住院押金，待治疗结束出院时，如果所住医院为
当地合疗机构定点医院或是与当地合疗机构签订服务的，直
接在医院办理报销，在住院期间需要转院治疗，还需向所
转医院开具转诊单。非定点协议医院，患者需将住院费用
结清后，携带诊断证明、住院病历复印件、费用总清单、住
院费用结算单、身份证、合疗证、户口本到户口所在地合
疗机构报销。

2016 年山区新型农村合作医疗筹资标准：村民个人缴费 130 元，中央补贴 300 元，省级补贴 134 元，市县各补贴 3 元，总缴费 570 元。可享受住院补偿、门诊统筹补偿、门诊慢性病补偿、大病救助。报销、救助按病种和就诊医疗机构等级的不同，比例在 35%~90%。过去群众头疼或感冒一类的小病，一般不吃药，硬扛着过或者拔火罐，严重的到乡镇卫生院、县医院治疗。现在群众有病，较轻的头疼感冒、肠胃病、高血压都会到乡镇卫生院治疗，复杂一些的病大部分会到县、市、省等医院治疗。

新农合各级医疗机构住院报销比例：一级镇卫生院住院报销比例为 90%，二级县医院报销比例 80%，县外二级、市二级医院报销比例 70%，市三级医院报销比例 60%，省二级医院报销比例 65%，省三级医院报销比例 55%。参合人年龄达 80 岁，住院报销比例为 80%；90 岁以上住院报销比例为 90%。

门诊统筹报销标准为：村级卫生室报销比例 80%，镇卫生院报销比例 70%。封顶线为家庭参合人数×每人 90 元，如一家共有 4 人整户参合，门诊统筹报销封顶线为 4×90=360 元，家庭成员内通用，但不在报销药品目录里的药品不予报销。

2016 年度山区新农合参合率统计表

镇		2014 年农业人口	已缴费人数	参合率
城关镇	城关	9581	9734	101.60%
	汤坪便民中心	6117	6017	98.37%
	旬阳坝便民中心	1619	1637	101.11%
四亩地镇		3854	3888	100.88%
江口镇		8486	8244	97.15%
广货街镇		3548	3529	99.46%
龙王镇		4865	4783	98.31%
金川镇		3746	3677	98.16%
皇冠镇		2193	2228	101.60%
筒车湾镇		4661	4718	101.22%
梅子镇		2438	2384	97.79%
新场镇		1154	1144	99.13%
太山庙镇		5213	4988	95.68%
合计		58823	58314	99.13%

七、山区地方病

1. 地方性甲状腺肿大

以前村民以饮用河、溪水为主，水质严重缺碘，地方性甲状腺肿大病频发。1958 年，全县 54022 人，患病者 10979 人。政府大力推广碘盐和发放防止"地甲病"的药物后，患病率大幅减少。1977 年，全县 68573 人，患病者 4955 人。1980 年以后，地方性甲状腺肿大病逐步得到了"控制和消灭"。

2. 克汀病

克汀病又称地方性呆小病，主要发生在甲状腺肿大流行区域，病因是由于胚胎期碘缺乏所致，临床表现"呆、小、聋、哑、瘫"等症状。1985 年，全县 71145 人中有克汀病 257 人，如今少见患者。

3. 大骨节病

大骨节病俗称"柳拐子"，是以关节病变为主的慢性地方性疾病，其临床表现为关节活动不灵、变形、身躯短小、肌肉萎缩、走路摇晃，严重者丧失劳动力。在 20 世纪六七十年代，全县患者达 5062 人，20 世纪 80 年代后期，自然转好率达 44%，最高时期达到 60%。

4. 疥疮

疥疮是由疥虫引起的接触性、传染性皮肤病，俗称干疙瘩。中华人民共和国成立前，疥疮病流行严重，曾有"神仙难逃陕南疥"之说。1982 年，全县 71265 人中，疥疮病患者 10858 人。用 15%～20%硫黄软膏治疗，治愈率达 99%。1984 年，疥疮已基本控制和消灭，如今发病率极少。

第五章

百姓生活

一、婚姻状况

随着经济发展和教育普及，老百姓收入增加，文化素质不断提高，过去存在的近亲结婚、娃娃亲和买卖婚姻等陈规陋俗基本消失。20 世纪 80 年代，山区农村说媒找对象大都在周边的村或附近乡镇，实际结婚年龄一般在 18 岁左右。20 世纪 90 年代，随着社会经济的发展，山区老百姓的结亲半径已经突破县域范围了，找外地人甚至外省人成家的已不是少数，结婚年龄一般在 20 岁左右。2000 年至今，通信和网络快速发展，人们的交往沟通更加便捷，距离已经不再是阻碍人与人之间联系的障碍，自由恋爱、婚姻自主已经是普遍的行为，即使媒人介绍也得双方看得过眼，不然走不到一块，结婚年龄一般在 22 岁以上。然而娶亲的花费却成为山区村民最大的负担。广货街镇元潭村黄波在村上有一定威望，经常被请去说媒做亲，村里娶媳妇，彩礼一般都在 3 万~5 万元，甚至更高。

村民重视家庭的稳定性，组建家庭，必须先有房。年轻人普遍不愿意住在农村，条件好的家庭，父母在城镇买房，如果满足不了这个要求，也得在村里盖一处新房。此外，由于农村学校大多关门，适龄儿童上学问题也是男女双方倾向于在城镇购房的重要因素。随着城镇基础设施建设的发展和交通道路改善，农村人对汽车的需求日益增长。无论小轿车价格高低，已成为嫁娶双方在桌面上谈婚论嫁的必备条件。

在村民的传统观念里，娶妻生子是人生的重要使命，在山区群众生活中具有重要地位，浓缩了他们一生美好的愿望。虽然很多家庭为了办一场婚礼，背上了沉重的经济负担，即便是举债，也得办得风风光光，尤其是经济条件越不好的家庭，娶亲所用的花费就越高，这已成为当下山区婚姻的一种常态。

山区农村的离婚率有逐年上升的趋势，皇冠镇兴隆村近年来的离婚情况比起过去 10 年增加了几倍。目前全村离婚近 30 户，其中男女双方年龄在 30 岁至 40 岁的有 20 多户，40 岁以上的有 4 户，多为女方提出离婚，主要原因是经济和性格两个方面，经济情况占主要原因。生活在农村的家庭还算稳定，而去了大城市见了世面的人，思想有了转变，婚姻观念也发生了变化，离婚的家庭也就多了。

山区婚姻状况调查表

镇	行政村	人口总数			家庭户数	婚姻状况		未婚比例
		合计	其中			已婚	30岁以上未婚	
			男性	女性				
城关镇	月河村	495	321	174	171	384	30	6.1%
	寨沟村	1210	600	610	324	700	20	1.7%
	瓦子村	696	381	315	185	130	23	3.3%
	小计	2401	1302	1099	680	1514	73	3.0%
太山庙	太山村	1556	810	746	456	996	120	7.7%
四亩地镇	严家坪村	804	420	384	207	550	56	7.0%
	四亩地村	1729	909	820	513	1006	104	6.0%
	小计	2533	1329	1204	720	1556	160	6.3%
皇冠镇	兴隆村	610	356	254	194	400	60	9.8%
	南京坪村	825	420	405	223	532	20	2.4%
	小计	1435	776	659	417	932	80	5.6%
金川镇	小川村	1287	763	524	420	704	47	3.7%
龙王镇	棋盘村	655	355	300	232	400	110	16.8%
筒车湾镇	海棠园村	908	545	363	288	520	112	12.3%
	油坊村	539	281	258	187	351	63	11.7%
	小计	1447	826	621	475	871	175	12.1%

续表

镇	行政村	人口总数			家庭户数	婚姻状况		未婚比例
		合计	其中			已婚	30岁以上未婚	
			男性	女性				
江口镇	竹山村	1810	1005	805	550	532	92	5.1%
梅子镇	安坪村	813	447	366	278	480	26	3.2%
广货街镇	元潭村	702	386	316	212	420	20	2.8%
新场镇	同心村	415	290	125	129	320	28	6.7%
合计		15054	8289	6765	4569	8725	931	6.2%

二、人口生育

1985 年出台的生育政策，将人口类别调整为城镇居民和农村人口两类。

城镇居民一对夫妇一般只能生育一个孩子。有以下特殊情况的允许生育二胎：1. 第一个孩子为非遗传性残疾，不能成长为正常劳动力的；2. 再婚夫妇只有一个孩子，一方未生育过的；3. 多年不育，抱育他人一个孩子后又怀孕的；4. 夫妇双方都是少数民族的；5. 夫妇双方都是归国华侨的；6. 失去劳动力和生活自理能力的残疾军人；7. 独生子和独生女结婚的；8. 夫妇一方是干部、职工、居民，另一方是本县农民的；9. 从外地调入或迁入本县的干部、职工、居民经原所在地区、县以上计划生育部门批准二胎的。

农村人口均可生二胎,但必须有生育计划,合理安排。两胎间隔必须在 4 年以上,凡未经批准,擅自生育,按无计划生育处罚。生育二胎必须采用长期避孕措施,达到间隔年限,否则不发准生证。已有独生子女证,又要求生育的,经县级以上计划生育部门批准后,将所领奖金及独生子女证退回,再发给准生证。

计划生育政策实施 30 多年来,山区老百姓的生育观念发生了很大的转变,少生优生逐渐取代了传统的多子多福、养儿防老、养女一门亲等陈旧的生育观念。

2015 年以来,国家逐渐放开二胎政策。2017 年,国家全面放开二胎政策。尽管如此,由于人们的生活水平提高,生活成本加大,特别是娶媳妇所带来的经济压力,加之孩子进城上学而产生的经济负担等方面的考虑,年轻人生育二胎的意愿并不积极。

山区 3 年人口出生与自然增长率统计表

年度	期末人口数	已婚育龄妇女数	出生人口	人口出生率	人口自然增长率
2014	71405	12404	718	10‰	3.9‰
2015	71523	12021	624	8.7‰	2.3‰
2016	71543	11747	586	8.19‰	1.37‰

　　过去医院条件简陋、经济压力或观念保守，大多数孕妇不做孕期检查，有先天性疾病的婴儿只能在产后才被发现，有的孩子直到三四岁时才发现有问题。现在农村育龄妇女经登记注册后，就可在乡镇卫生院、县计生站、妇幼保健院等单位进行免费孕期检查治疗。

三、饮食穿衣

　　20 世纪 80 年代初期，山区乡村交通闭塞，经济不发达，老百姓生产的粮食、药材和林产品运不出去，变不成钱，当地人说"腊肉满灶头，苞谷压断楼，没得裤儿穿，成天偎火炉"，就是形容过去山区百姓有吃没穿的生活。近年来，随着经济发展，电视机、洗衣机等家用电器基本普及，汽车、摩托车、三轮车进入农户家庭，逐渐改变了过去的贫困面貌。

1. 饮食

　　几十年来，当地人的饮食习惯变化不大，只是随着经济的发展饮食品质增加了，多为大米和面条，也有颇具地方特色的主食。

　　村民每家养猪 1~3 头，年终一般会宰 1 头自食，家庭情况好的全部自食。当地人认为三九天屠宰的猪肉，存放时间长且味美。每10斤鲜肉加1斤盐和适量花椒在木盆或瓦缸内腌10天，取出挂在灶头再烟熏火烤，减少水分后移挂在屋梁或墙壁上储存。食用时用火将肉皮烧黄，刮洗干净，煮熟即可，这是当地特色腊肉的制法。山区人"过节要吃肉，无肉不过节"，因此腊肉成了农家待客过节的必备佳肴。

苞谷米饭　也称玉米糁子饭，玉米磨碎成细粒煮食。还有一种蒸熟或煮熟食用的两糁子饭，也叫金银饭，煮时先

村民家里的腊肉

下玉米，快熟时加一些大米，象征着来年发财致富。按照过去农村的规矩，团年饭一般做得很多，要吃到正月十五，饭多了意味着余钱剩米用不尽、吃不完。苞谷糊糊又称苞谷汤，将玉米糁子和玉米粉放在一起，边煮边搅，熟后为糊状。

浆水菜　也称酸菜，将芥菜、萝卜叶或野菜等，用开水烫后，盛在木盆或瓦缸内压紧，加入蒸米饭汤或面汤，数日即酸，或炒或凉拌，酸脆可口。

吊罐米饭　凉水入罐挂在铁钩上，用柴火烧开，将淘干净的大米入罐，煮至米汤快干米饭八成熟时，将其放在火龙塘（火坑），用柴炭文火边烤边转动，半个小时即成。米饭松软适度，锅巴脆香，罐里的米饭一两天不会变馊。

血粑粑　豆腐滤干水分，与猪肉丁和适量新鲜猪血、盐等调料，搅拌并捏成馒头大小，挂在柴火灶上烟火熏干，熏制好的血粑粑外黑内红，切成片做菜。

洋芋糍粑　土豆，俗称洋芋，除作主粮外，还能制作很多副食品，如干洋芋片、洋芋粉，也可将洋芋去皮、蒸熟，用石窝捣烂如泥，加盐烙成饼，制成洋芋糍粑。

蔬菜一般自种自食，品

洋芋糍粑

种有香菇、木耳、豆角、西红柿、辣椒、萝卜、韭菜、白菜、瓜类等，每周也有走乡串村的菜贩向村民卖菜。过去村民吃的油以自产的猪油、菜籽油为主，现在是从村镇商店购买菜籽油和其他食用油。

腊肉

20世纪80年代初期，稻米是老品种，产量比较低，村民主食以玉米和洋芋为主。90年代物产逐渐丰富，米、面、肉等随时可以到村镇商店购买，平时能吃上肉已经不再是农村人的奢望。

每年农历二月至十月属于农忙季节，村民们一日三顿饭，早饭多为米饭或面条，午饭以面食为主，晚饭多为苞谷糊糊和腌菜。金川镇小川村村民周启玉，在农忙干活时雇请别人帮忙，晚饭上酒肉成了惯例。农闲季节一日两顿饭。

白云山区农村待客很讲究，一般会炒几个菜，荤素各半，还有自酿或买来的酒。红白事饭菜有一定规矩，在筒车湾镇许家城村结婚办喜事要有24~26个菜，其中4个凉盘、4个干盘、4个荤菜（鸡鱼、猪蹄、酥肉、粉蒸肉等）、4个素菜，8~10个蒸菜，每桌菜价格300~400元。

2. 穿衣

20 世纪 80 年代，山区人们穿衣以棉布为主，样式单一，男人多为深色中山装和军便装，女人多为传统中式或军便装，大部分家庭手工做布鞋，条件好的家庭冬天会买军用棉鞋。现在，山区人们基本不再自己手工缝衣服和做布鞋，老年人也很少穿手工缝制的衣服，多数人根据自己的喜好在集市或城里购买衣服，在外工作的子女，逢年过节或是换季的时候也会给在农村生活的父母买几件新衣服。虽然目前社会的物质比较丰富，日子比过去好，但农民朴实节俭的秉性未变，劳动时穿的大多是旧衣服，逢年过节、走亲访友、赶集、参加亲事等场合才会换上新衣服。根据入户调查表统计数据，山区一般家庭年均衣物支出 1000 元左右，如江口镇竹山村花屋组 62 岁的贫困户陈胜忠，老两口的衣服都是由儿媳妇购买，一年花 800 多元。中等家庭衣服年花费在 2000 元左右，家庭成员人均一年两套新衣，夏季一套单衣、冬季一套棉衣。单衣主要是夹克、衬衣、短袖，面料质地多是棉、麻、化纤类，棉衣以毛衣毛裤、羽绒服为主。鞋子有皮鞋和胶鞋，每双花费几十到几百元。

太山庙镇太山庙村王凤军的女儿说，他们家的衣服在网上买，可以省不少钱，比起 30 年前，衣服的样式、面料、颜色丰富了很多，一年花费 1500 多元。新场镇花石村原主

入户调查

任全金连家有五口人，主要是给孩子买衣服和鞋子花钱比较多，他说一双好点的运动鞋价格都要 200 多元，一个小孩顶得上两个大人的花费，全家一年衣物花费在 3000 元以上。

四、居住出行

1. 居住

1987 年，山区有 2% 的农户住在茅棚内，分布在深山老林，靠社会救济过日子；15% 的农户住土木结构的草顶房，生活在生产条件差的山沟里，没有解决温饱，政府每年给予救济和补助；70% 的农户住土木结构的瓦房，分布在中

村民杂物房

村民旧房

低山区，自然条件较好，基本获得温饱；10%的农户住砖木结构瓦房，一般分布在公路沿线和经济相对发达的地区，家庭条件较好；3%的农户居住的是钢筋混凝土平顶楼房，属比较富裕的农户。

2017年，当地农村的住房结构主要是土木结构和砖混结构，随着移民搬迁、脱贫搬迁政策的实施，过去山里的茅棚逐步消失，土木结构的草顶房只在偏僻的山村里零星存在，土木结构的瓦房和砖混房比例在不断增加，老百姓的住房条件得到了根本性的改善。

山区18村农户住房结构统计表

镇	行政村	土木结构	砖混结构	合计独立住房	土木占比	砖混占比
简车湾镇	海棠园村	178	110	288	61.8	38.2
	油坊坪村	53	134	187	28.3	71.7
四亩地镇	严家坪村	77	130	207	37.2	62.8
	四亩地村	70	150	220	31.8	68.2
太山庙镇	太山庙村	356	104	460	77.4	22.6
龙王镇	棋盘村	165	35	200	82.5	17.5
城关镇	月河村	68	103	171	39.8	60.2
	寨沟村	200	100	300	66.7	33.3
	瓦子村	105	80	185	56.8	43.2
金川镇	小川村	152	235	387	39.3	60.7

续表

镇	行政村	土木结构	砖混结构	合计独立住房	土木占比	砖混占比
皇冠镇	兴隆村	190	4	194	97.9	2.1
广货街镇	元潭村	20	41	61	32.8	67.2
江口镇	竹山村	385	110	495	77.8	22.2
	高桥村	200	226	426	46.9	53.1
	江口村	236	64	300	78.7	21.3
梅子镇	安坪村	13	155	168	7.7	92.3
新场镇	同心村	135	15	150	90.0	10.0
	新场村	119	10	129	92.2	7.8
合计		2722	1806	4528	60.1	39.9

村民新房

2. 出行

1985 年，山区有 34 条公路，总里程 669.2 公里，涵桥不配套，多为砂石路面，晴通雨阻，农村主要运输仍靠人力背挑。

2015 年，公路总里程 1697.54 公里，其中高速公路过境里程 101.36 公里，国道、省道各 1 条，里程 143.63 公里，县道 5 条，里程 195.15 公里，乡道 18 条，里程 280.23 公里，专用路 4 条，里程 187.03 公里，村道 129 条，里程 790.06 公里。山区 11 个镇全部通水泥路或柏油路，95%的行政村通了水泥路，路面宽 3~3.5 米，旧沥青路全部升级改造，大多数自然村通了砂石公路，基本实现村组道路网络畅通，路网结构得到明显改善。

1985 年，全县只有 1 个运输公司和 1 个运输社，共 4 个客货运车站，汽车 128 辆、拖拉机 199 台。安康汽车运输公司的客车每天途经宁陕，日行班车 4 辆，林区客车 7 辆。现在山区 11 个镇都有直达县城的班车，80%的行政村通客运班车。县城设 1 个二级客运站，四亩地镇、筒车湾镇、原汤坪镇、龙王镇 4 个五级客运站，万达公司、宁摩公司 2 个客运公司，发往西安、安康、汉中等城市客运线路 3 条 20 余班次，发往镇村的客运线路 12 条 20 余班次，路网密度达到 44 公里 /100 平方公里。

村民交通工具

山区的生产交通工具是机动三轮车和小型货车，也有小型面包车兼做货运。几乎每户农户家有一辆摩托车，有充电和加油型的两种，部分家庭买了货车用于做生意，条件好的农户有了小轿车。

山区 18 村农户交通工具统计表

镇	行政村	常住人口	户数	汽车	货车	非机动车
筒车湾镇	海棠园村	908	288	23	6	27
	油坊坪村	539	187	5	0	2
四亩地镇	严家坪村	804	207	19	8	0
	四亩地村	1792	513	42	11	32
太山庙镇	太山庙村	1556	456	30	6	20

镇	行政村	常住人口	户数	汽车	货车	非机动车
龙王镇	棋盘村	655	232	5	5	7
城关镇	月河村	495	171	26	6	20
	寨沟村	1174	324	10	3	20
	瓦子村	696	185	15	3	6
金川镇	小川村	1287	420	20	9	0
皇冠镇	兴隆村	610	194	21	6	80
广货街镇	元潭村	702	212	50	20	10
江口镇	竹山村	1810	550	53	8	20
	高桥村	1442	426	40	30	0
	江河村	1078	301	15	1	0
梅子镇	安坪村	813	278	57	18	0
新场镇	同心村	415	129	20	5	5
	新场村	570	150	35	5	0

五、通信

20世纪80年代，山区群众的主要通信方式是信件和电报，平时联络用信件，紧急联络到乡镇邮电所发电报。投递物品主要靠邮局的邮政包裹。现在，村民几乎每人一部手机，联系极为方便，同时极大地丰富和充实了农民的文化生活，山里人可以迅速知道山外发生的新鲜事。山区农村 55~70 岁的村民，大部分使用的手机被称之为老人机，主要功能是接打电话，特点是铃声大、操作简单，手机品牌有百合、亿达、金森、三星、小米等，手机价位 80~200元，月通信套餐费用有 10 元、18 元、28 元、38 元，其中 18 元、28 元套餐使用人数较多；年龄段在 40~55 岁的村民，大多数人使用的是各通信运营商定制的话费特价智能手机，价格 300~1000 元，月通信套餐一般为 38 元、58 元、88 元；40 岁以下的用户，一般也会选择话费特价机，但他们更青睐国产 OPPO 、ViVo、华为、小米等品牌的智能手机，手机价位 500~2000 元，月通信套餐费用一般是 58 元、88 元、138 元。

镇附近的村都接通了网络宽带，筒车湾镇海棠园村办公点已开放了公共 Wi-Fi。一些回乡创业的大学生在家开网店做微商，通过网络出售农产品。每个镇都有一家到几家快递公司的营业网点或代办点，承接快递收发业务。村里的年轻人也习惯通过电商购买产品，由代理寄存的商铺提供有偿保管业务，一般一件收费 1 元，村民根据自己的时间取件或委托他人取回。电商在农村的逐渐普及，让山区群众在信息和衣着等生活方面与山外的差距逐步缩小。

村村通

六、柴火、丧葬

1. 柴火

白云山区的农户做饭取暖以烧木柴为主，村民除了耕地、林地、水田外普遍都有自己的柴山地，生长的乔、灌木主要用于燃烧用柴。

98

8 镇 9 村 21 户燃烧用柴调查统计表

镇	行政村	农户	柴山面积（亩）	燃烧用柴方式			
				煤炭	煤气	电	木柴
龙王镇	棋盘村	胡太明	30				√
		陈勇	30			√	√
		陈朋奎	4			√	√
		陈顺清	50				√
		田仕奎	14			√	√
皇冠镇	南京坪村	王宏斌	61			√	√
		程良兵	95	√	√	√	√
		卢开友	108	√		√	√
	兴隆村	王金祥	136				√
太山庙镇	太山村	陈列明	20			√	√
		杨忠义	60				√
城关镇	寨沟村	王作平	23			√	√
		陈清平	6				√
金川镇	小川村	周启玉	16				√
		胡理楷	89			√	√
四亩地镇	严家坪村	黄梓彦	22				√
		周文兴	15			√	√
筒车湾镇	油坊坪村	张康平	13		√	√	√
		张志奎	45				√
梅子镇	安坪村	周进亮	87				√
		周进顺	3			√	√

随着农村电网改造、农民收入的增加，电饭锅、电磁炉、电热水壶等家用电器已经普遍使用。虽然用煤、用电成为村民取暖做饭的一种选择，但烧柴火依然是他们的生活习惯。

农户家里都有一处固定的火塘，俗称火龙塘，在室内挖一直径 1 米左右的圆形或方形小坑，深度一般为 10~20 厘米，用砖石围砌。火塘上方横着竹木杠子悬挂着肉吊子，可供烟熏腊肉，过年前后许多农户火龙塘上方挂满了腊肉。

农户家

灶台

火塘中央有简易升降设备，用结实木料做成，下有木钩，可悬挂吊罐、烧水壶等，通过升降掌握火候。当地著名的吊锅米饭就是在火龙塘用柴火吊锅煮熟的。"烤转转火，吃洋芋坨"，寒冷时节人们通常围坐在火龙塘烤火喝茶。

2. 丧葬

入土为安是传统的葬俗葬仪，山区村民一般不愿火葬，山区也没有火葬场，当然也有部分亡者被转运至西安或安康火化。一般来说，县城居民倾向于选择公益墓地，山区群众则就近埋葬于居住房屋附近，最近的墓圹距离住的房屋仅几米之遥，生与死的界限近乎模糊。

　　山区回族群众讲究"重孝、简丧、快葬"的传统，亦即生前注重行孝，死去简化丧葬仪式尽快下葬。通常的葬仪是周身洗净、白布裹身、黄土深埋。一般而言，亡者上午去世，当天安葬不过夜；下午去世，则于第二天安葬。送葬时只低声赞颂真主，不出声哭泣。为尊重穆斯林群众的殡葬习俗，民政局在县级公益公墓中规划了一块穆斯林公墓，作为回族群众的专用墓地。村民的丧葬花费支出 10000 元左右，其中宴请酒席花费 5000~6000 元，埋葬期间修墓、购置棺材、祭奠用品花费 4000 元。农村办白事乡亲最低行礼100元，办事的主家收的礼金可以包住支出的费用。

第六章

传统习俗

一、文化生活

1987 年，宁陕县有 13 处电视差转台，覆盖率为 35%。1998 年，国家启动广播电视村村通工程。2014 年，实施广播电视户户通工程，全县安装使用 1.4 万套，能收看更多的电视节目，从过去几个频道增加到包括中央电视台在内的几十个频道，告别了使用电视天线或电视锅来收看电视的历史。现在，县广播电视覆盖通村率 100%，通户率 98%，电视普及率 100%。电视机是山区老百姓了解山外社会的重要窗口，户均一台电视机，不少人家都买了液晶电视。村民们最喜欢的节目是中央七台的农业节目，从中学习一些农业生产科技知识，及时了解和掌握农副产品种养、销售的信息。

从 2007 年开始，为了解决农民 "买书难、借书难、看书难"的问题，国家实施农家书屋工程，村村建有文化活动图书室。调查走访的 18 个村农家书屋，书籍分类齐全，摆放整齐，但图书借阅率很低，农家书屋因此成了摆设。农民平时很少看书，现在村子居住人群主要是在家务农或是看娃的妇女、60 岁以上的老人以及儿童，这些人群大都识字不多，即使有人受过一定教育，也没有阅读的习惯，农闲之余，村民更愿意选择电视娱乐，而不是阅读图书。村民也没有订阅报纸杂志的习惯，每年镇上都会给各村委会订阅相关报刊，村干部出于时事需要而选择性阅读一些新闻，平时则将报纸杂志堆放于会议室，也造成了某种浪费。

社火是古老的民间艺术形式，最早应该是祭祀活动的一种，一般会表演各种杂戏、杂耍，意在祛除不洁，迎纳

社火

祥瑞。山区群众喜闻乐见的社火表演主要是狮子舞，分为文耍和武耍两种。文耍主要表现狮子的诙谐动作；武耍则往往表现人和狮子的搏斗场面，通过狮子翻、跳、扑、滚等动作来表现其勇猛的性格。此外，还有龙灯舞、彩莲船、跑竹马等文艺节目。龙灯舞俗称耍龙灯，是山区民间比较流行的传统性节目，群众参与度较高；彩莲船又叫彩船或旱船，是村民广泛参与的民间艺术活动；跑竹马原本是一种模拟马的舞蹈，在山区则演变为群众性的社火表演，十分热闹。山区每年春节都有闹社火的传统，从正月初十至十五，各镇进城参加县里组织的社火会演。

文艺活动的社会作用十分明显，既能丰富人们的文化生活，提高艺术品位，又能联络感情，充实心灵，提高生活品质。

二、传统习俗

敬天法祖是中国根深蒂固的传统文化，祖先崇拜在民间具有重要的地位。

民国以前，山区家家堂屋都安设有神龛，正中写有"天地君亲师位"六个字，普通人家用红纸书写，富裕人家用木板漆成黑色或板栗色，再雕刻成金字牌位，两侧用小字书写"福禄财神""某氏祖宗"等。在神位两边配有一副对联，如"金炉不断千年火，玉盏常明万岁灯"等，横额则多为"祖德流芳"。村民都要祭拜祖先神位，每月初一和十五早晚，敬香和供设祭品。村里的大家族建有供奉祖先的祠堂，每年清明和七月十五，全族人到祠堂设供，举行隆重的祭祀活动。

中华人民共和国成立后，祠堂多改作学校，或另作他用，一些传统的祭祀活动渐渐消失，祭礼简化，但祭祖活动一直没有中断。近十几年来，传统祭祀得到一定程度的恢复，一些农户房屋的正厅墙上，大多供奉着属于自己家族的"天地国亲师位"神位。

山区民间还流行"迎喜神"和"祭土神"习俗，迎喜

宗教仪式

神一般在大年三十的五更头举行，老百姓在家门前放置一张小桌，点起香烛，陈列祭品，燃放鞭炮，然后全家人向东方叩拜，迎接喜神的到来。

农历二月二龙抬头为土地会，当地又叫土地老爷过生日，老百姓举行祭土神活动。根据民间习俗，这一天忌讳动土。有的人家在堂屋门前祭祀，有的人家则将祭品、香、蜡、火纸等拿到土地庙拜祭。富裕人家往往以猪头敬祭，普通人家则煮一块长五六寸、宽三寸的肥肉，又称刀头肉，予以敬祭，也有用一块豆腐代替刀头肉的。

三、宗教信仰

1. 伊斯兰教

据史料记载，元宪宗时期（1251—1259 年），山区一带已有回族定居。现在的江口镇回民主要来自镇安县茅坪镇，江口镇共有江口、七里砭、高桥、核桃坪、向平等 5 处清真寺。1984 年，经陕西省人民政府批准，设立江口回族乡。1982 年江口回族乡回族人口为 1415 人，占该乡总人口的 35.3%。2016 年江口镇人口总数为 8563 人，回族 2498 人，占镇总人口的 29.1%。

江口回族百姓大都信仰伊斯兰教，属于逊尼派，生活

习俗与伊斯兰教教规保持一致，同时又吸收了许多中国传统文化的元素。主要的宗教活动是礼拜，分为日常性的五礼和间距性的聚礼。五礼又称五功，指的是穆斯林在每日不同时刻进行礼拜活动，晨礼在天不亮举行一次，晌礼在下午一点半举行一次，晡礼在下午四点半举行一次，昏礼在黄昏时刻举行一次，宵礼在昏礼后半个小时举行，聚礼则大多于每周五下午一点半举行。

江口镇清真寺阿訇说，现在能做礼拜的大多是居住在村里的老年人，年轻人都去外面打工创业了，很少能聚在一起。当然开斋节和古尔邦节的时候，许多人都会回家，人数会多一些。

阿訇认为中国伊斯兰教神职人员的分内之事，就是让教民们遵纪守法，爱国爱教，真诚待人，与邻居和睦相处，不欺诈，不卖不干净和有问题的食物。

2. 佛教

山区佛教始于前秦建元十四年（378 年），佛教僧人道立在太山庙观音山隐居修行，潜心研究《放光般若经》。

道光年《宁陕厅志》记载，唐代禅宗高僧神秀在新场镇六祖坪出家修行，因为禅法高明，后来受到武则天、唐中宗、唐睿宗的优礼。武则天天授二年（691 年），在鹿子坪修建六祖寺。后世将神秀创立的渐悟法门宗派称为北宗，称呼神秀大师为北六祖,与提倡顿悟法门的南六祖惠能大师齐名。

20 世纪 80 年代以来,信众自发捐资修复太山庙观音山莲花寺、四亩地古佛寺、渔洞河观音寺等。宁陕县现有皈依居士 200 多人,其中分布在老母台附近的居士 20 人、渔洞河观音寺、县城周边 100 多人,新场观音山莲花寺附近 20 人,四亩地佛爷庙附近 20 多人,皇冠镇 6 人,江口镇 10 人。

每逢农历二月十九观音圣诞日、六月十九观音成道日、九月十九观音出家日,各寺庙都举办相关主题庙会,附近村民前来膜拜祈福,人数众多,香火鼎盛。

3. 道教

道光年《宁陕厅志》记载,厅南十五里(今关口一带),相传是真人王重阳栖鹤之处,有元真观遗迹。王重阳是道教全真派创教祖师,在道门中拥有崇高地位。由于王重阳在白云山结茨修道的传说,后来在当地衍生了王重阳植杖化树、题词孝感天地等许多关于王真人的传奇故事。中华人民共和国成立前,全县有道观 50 多处,但出家道士的人数并不多。2013 年,有道观 8 所,其中城隍庙的规模较大,香火鼎盛,远近闻名。

《宁陕城隍庙简介》记载:城隍系道教祀奉的护国安邦惩凶安良之神,宁陕城隍庙建于清乾隆五十年(1785 年),

距今有二百多年，属佛教和道教合一的庙宇，是陕南地区唯一一座设计独特保存完好的庙宇，也是陕南地区具有代表性的古建筑群。

城关镇老城城隍庙

庙会

下篇

山区专题调查

一山一木一收获

一人一事一启示

生态脱贫

是绿水青山的馈赠

是人与自然谱写的绿色传奇

第一章
陕西生态变好收入增加

靠山吃山，靠水吃水。山区脱贫致富大多离不开山林，离不开林业，离不开生态产业。生态扶贫已经成为一种潜力巨大、作用多元、可持续的扶贫方式。秦岭白云山区的生态扶贫已经成为陕西省生态扶贫的宁陕模式。

一、林业不是一个关于树木的问题

保护生态和改善民生是社会关注的重要问题。1968 年，第九届英联邦林业大会提出："林业并不是一个关于树木的问题，而是一个关于人的问题。"1992 年，联合国环境与发展大会把"赋予林业以首要地位"作为最高级别的政治承诺，强调"在世界最高级会议要解决的问题中，没有任何问题比林业更重要了"。在复杂的生态系统中，林业在维护国土安全和统筹山水林田湖草综合治理中具有基础地位,事关经济社会可持续发展的根本。

通过建设森林生态系统、保护湿地生态系统、治理荒漠生态系统和维护生物多样性,既能营造优美生态家园,又可为社会提供丰富的林产品和普惠的生态产品,提供就业岗位、维护景观、传承生态文明。可以说,人类的生产生活从来就没离开林业,林业产业链条长,就业容量大,衣、食、用、行、住都取自林业,是最适合贫困人口增收脱贫的产业。

二、山区林茂村民增收

省林业厅将宁陕县列为全省生态脱贫示范县,探索生态精准脱贫的新模式和新出路。九山半水半分田,贫困集中是秦巴山区的特点。宁陕县依托森林资源禀赋优势,通过"龙头企业+合作社+基地+农户"的组织模式,推进一、二、三产业融合发展,重点发展干果、药菌、林下种养业、林产品深加工和生态休闲旅游等特色产业。全县成立了130个各类林业专业合作组织、建成10个县级林业产业园区、3个市级林业产业园区,培育400多个林下种养大户,示范带动贫困村、贫困户发展食用菌种植,人均增收3000元以上。

旬阳坝

　　为更好地保护国家一级重点保护动物林麝，根据雄麝所产麝香价值高昂的特点，陕西林业开拓了林麝产业，通过"企业+基地+专业合作社+贫困户"的模式，全省人工养殖林麝已达 1.5 万头，居全国第一，林麝产业现已成为陕西林业脱贫致富的特色产业。片仔癀、同仁堂、广誉远等著名药企已在山区投资建厂。凤县黄牛铺镇宽滩村村民饶纪有讲，自林麝公司在村上落户以来，自己每年卖树叶，收入就达 5000 多元。2012 年，村民王锁祥与亲戚合伙养林麝，一无本钱，二无技术，在陕西片仔癀麝业有限公司帮助下，已养殖林麝 28 头，产仔 8 头，光仔麝就能卖 8 万元。

陕北定边县的王志兰，从小生活在毛乌素沙地，种着几亩沙荒地，日子过得很苦，有时孩子的学费也得去借。"只要种活草栽活树，就能领到承包款，有了草就能养猪喂羊。"这是她当初最朴素的脱贫梦。1999 年，为响应国家退耕还林（草）号召，她卖掉了猪，卖掉了准备盖房的椽，借钱承包荒山种草植树。经过 20 年的艰苦奋斗，治理荒山 11.7 万亩，发展苗木基地 1200 亩，建良种示范园 400 亩，发展特色大扁杏示范基地 1400 亩，嫁接改良经济林 2.65 万亩，引进名特优经济林 50 多个品种，推广 7000 多亩，无偿为农民提供良种经济林苗木 10 万株，惠及农户 1200 多户，荣获"全国十大绿化女状元""全国老区建设突出贡献奖"等 68 个奖项，成为生态治理和生态脱贫致富的典范。

延川县结合县情实际，按照"山地苹果、沿黄红枣、林下养殖"的发展思路，2016 年给贫困户提供 5 万元以下 3 年扶贫贴息贷款，使 2100 户 8900 人得到资金扶持，已建设山地苹果 5000 亩，红枣 4200 亩，林下养鸡 20000 多只，人均增收 2200 元，还扶持 232 户贫困户，建设苗木基地

1863.1 亩 663.6 万株，林业工程项目订单购买贫困户种苗，以确保贫困户收入增加。采取合作、合资、兼并等形式，使企业与分散户、小规模的育苗户结成利益共同体，形成了一批有特色、区域化、商业化生产的苗木繁育基地。

三、生态脱贫的路径

陕西贫困人口集中分布在陕南秦巴山区、关中渭北山区、陕北白于山区和黄河沿岸土石山区，通过生态建设、生态保护和发展林业产业，摆脱贫困代际遗传。通过退耕还林、天然林保护、防沙治沙工程的实施，陕北变绿了，关中变美了，陕南生物多样性更丰富了，这是全省乃至世界对陕西的共识。林业总产值由 2011 年的 325.80 亿元攀升到 2016 年的 1078 亿元，年均增长 33.9%。2016 年陕西林业生态脱贫投入资金 10.61 亿元，使 115 万贫困人口增收 21.62 亿元，人均增收 1880 元。包括国家生态护林员经费和统筹有关林业资金，聘用 18443 名贫困人口从事公益林管护工作，人均增收 5403 元。安排建档立卡贫困人口实施退耕还林 133 万亩，涉及贫困人口 57.6 万人，直接补助资金 3.17 亿元，人均增收 550 元。天然林保护、三北防护林等林业重点工程安排贫困县投资高于全省其他工程区平均水平60%，优先聘用贫困人口从事相关工程建设，劳务收入 1.32 亿元，涉及 19.25 万人，人均收入 685 元；全省 115 万贫困人口从事林业产业，总收入 14.1 亿元，人均收入 1226 元；兑付林区建档立卡贫困人口生态效益补偿资金 2.09 亿元，涉及贫困人口 101.6 万人，人均增收 205 元。

1. 生态效益补偿增收

国家生态补偿和天保工程保护资金，使部分贫困人口实现增收。健全生态效益补偿机制，完善相应的配套制度，提高生态效益补偿和管护标准，逐步将全省尚未纳入生态效益补偿范围的公益林纳入补偿范围，优先补偿贫困户和贫困人口，实现生态效益补偿增收。

2. 生态工程建设增收

实施天然林保护、退耕还林、三北防护林体系建设等国家重点生态工程，优先安排贫困户建设一批山地苹果、核桃、花椒、茶叶、板栗、油用牡丹等名特优经济林基地，通过种苗补贴、工程劳务、经济林实现增收。改善人居生态环境，提升城市品位和形象，创建森林城市和国家公园，在政策、资金、技术等方面重点向 56 个贫困片区县倾斜。

3. 发展林业产业增收

支持贫困地区成立专业合作社，让贫困户以林地入股、技术入股、劳动力入股、资金入股等方式，形成"龙头企业+合作社+大户+基地+农户"的产业发展模式，大力发展木本油料、林果、林菌、林药、林畜等产业，推进一、二、三产业融合发展，营造千家万户参与产业发展格局，探索"不砍树也致富"的路子。

4. 开展营造林增收

整合财政资金和社会资本，加大绿化美化和森林抚育等工程建设，优先将任务和资金安排到贫困地区和贫困人口，通过林地转让、合作造林、共同抚育、共同管护、入股分红等模式，获得苗木、造林、抚育等资金补贴，实现增收脱贫；探索利用企业和民间资本在城镇近郊集体林地发展合作林场，联合林场或森林公园等公益产业，大力支持个人兴办家庭林场，建立健全资金、标准、技术等相关政策支持体系，实现贫困人口稳定增收。

5. 森林旅游产业增收

以秦巴连片特困地区和革命老区为重点，发展森林旅游、森林康养和乡村旅游，有序推进森林公园、湿地公园、沙漠公园、自然保护区、旅游小区等生态旅游产业发展，引导周边贫困人口发展森林人家以及参与森林公园、湿地公园、沙漠公园建设及经营活动。

6. 花卉苗木产业增收

　　利用中心城市的辐射带动作用，坚持规模化、园区化、标准化、精品化发展道路，重点扶持苗木花卉产业，通过"公司+基地+农户"模式，建立紧密的利益联结机制，带动贫困户脱贫致富。

种植花卉

第二章
生态脱贫的宁陕模式

　　2016 年开始，宁陕县作为陕西省林业厅确定的首个生态脱贫示范县，依靠山林资源，种植香菇木耳，养殖林麝大鲵，养中华蜜蜂，参与生态护林等，积少成多，星火燎原，不断提高林业精准脱贫成效，走出了一片林子多种收益的生态脱贫路子，真正把绿水青山转变成金山银山，探索出了一条护林养林、以林致富的和谐共存、可持续的生态脱贫模式。

一、生态产业支撑了山区脱贫

1. 种地"莫搞场"（没啥意思）

　　土地，被喻为农民的命根子，但是山区种地比较收益持续降低，加之山坡地耕作不便，耗费劳力，种地成了山区群众不种可惜、种了划不来的鸡肋。

除了个别村组的水田种有机稻谷收入尚可，更多的旱地种玉米收入颇微。玉米产量一般 100～200 千克/亩，售价不到 2 元/千克，十几年都没涨价，而化肥和种子等农资不断涨价。所以，粮食作物的种植农民基本上不赚钱，一些养猪的农户甚至直接用玉米来做饲料。在江口镇竹山村，问起种地的收入，几位老农都说现在种地"莫搞场"。

2. 外出打工"莫得行"（不可行）

外出务工，曾是山区群众脱贫致富的香饽饽，不少地方都提出过"一人打工全家脱贫"的口号，在调研中发现所谓的香饽饽现在好看而不好吃。

山区群众外出务工主要在西安、深圳、杭州等城市，外出务工人员主要从事建筑、采掘、简单加工、餐饮服务等简单劳动，技术含量较低，还有部分打零工的，月收入一般为 2000 元，属于低收入工种范围。远离家乡外出务工不仅收入低，还带来了留守老人、留守儿童等一系列社会问题。

皇冠镇兴隆村老杨的儿子和女儿都在外打工，一年下来除了自己开销剩不了几个钱，家里人成天操心，还不如他一个人在家种些香菇、天麻，一年还能落几万元，现在出远门靠打工挣钱"莫得行"。

3. 林业增收"大到得"（挺好的）

为了保护秦岭生态，宁陕县被列入限制开发区，靠走工业经济发展之路显然不现实。"我们山里人就是靠山吃山"，这是调研中听到最多的一句话。宁陕是林业资源大县，处处绿水青山，但过去老百姓是看得见绿水青山，没有找到合适的致富路子。

宁陕县依托丰富的林业资源，将深化林业改革和脱贫攻坚有机结合，发展林下经济、强化生态保护、推进生态旅游、深化林权制度改革，激活了山林活力，群众普遍对通过林业脱贫致富信赖。金川镇回乡大学生胡理凯坦言，自己在外打工几年，回过头发现山里才真正遍地是宝。

2016年，全县林业产业总收入达到10亿元，农民人均收入约6200元，林业对于宁陕群众的收入贡献率达到70%以上。正如筒车湾镇一位姓高的退休老人所言，活了一辈子闯荡一圈子，还是觉得我们山里人吃喝拉撒都在这片山林，脱贫致富也得靠这片山林，发展林业对脱贫致富的作用"大到得"。

二、绿水青山就是金山银山

山区群众衣食住行离不开山,脱贫致富也离不开山。生态保护促进了生态效益与经济发展,也实现了公共利益与贫困群众收入双增长。

1. 林权改革把青山变成金山

宁陕县 306.2 万亩集体林地落实到户,颁发了 17300 本林权证,发证率达到 99%。宁陕县还开展了林权抵押贷款业务,截至 2016 年底,林权抵押面积 3.17 万亩,累计发放林权抵押贷款 6337 万元,林地流转累计 70 万亩,总交易额 7 亿元。

为优化资源配置,放活林地经营权,增加农民林业收入,宁陕县在保障农户承包权稳定的基础上,实现所有权、承包权、经营权三权分置以及公益林预收益抵押贷款工作,有效解决了旅游开发的林地需求和农民收益之间的矛盾。在筒车湾漂流公司、皇冠海荣集团和城关镇寨沟朱鹮基地引导林地经营权有序流转,使经营权可以租赁、互换、流转、融资和抵押贷款。

在陕西首批生态公益林预收益抵押贷款发放仪式上,皇冠镇兴隆村吴世友从农商银行贷到 100 万元,他激动地说:"我要带动全村村民投身建设光伏电站,有了这 100 万元贷款，奔小康更有信心了。"

2. 生态保护既有被子又得票子

宁陕县是国家南水北调中线工程和陕西省引汉济渭工程的水源地，实行了全面禁伐，不断扩大公益林地面积。为了处理好生态保护和林农利益之间的矛盾，政府加大财政扶持力度，建立了保护者受益的生态保护补偿机制。从2014年起，整合统筹林业、农业、水利、旅游等产业项目资金2000万元，重点扶持龙头企业、农林专业合作社、家庭农林场、森林旅游人家，大力发展有市场优势、符合当地实际、生态和经济效益兼备的生态产业，形成了生态保护和林下经济发展的长效机制，实现了政府得

林权证

"被子"，农民得"票子"的双赢局面。

2016 年起，山区 40 个贫困村的 73.6 万亩国家级生态公益林，以及 41 万亩地方公益林的生态补偿，涉及贫困户 5113 户、贫困人口 13458 人，户均补偿资金达到 320 元。在完善第一轮退耕还林工程第二个 8 年兑付工作的基础上，推进第二轮退耕还林工程的实施，重点向贫困村和贫困户倾斜。2016 年落实退耕还林面积 1.15 万亩，为符合退耕还林条件的贫困户落实退耕还林 1.5 亩/人，实现年人均增收 600 元/年。

3. 林下经济是家门口的绿色银行

在封山育林、养山育树的同时，山区依托森林资源，发展核桃、油用牡丹、林麝养殖场、林下养鸡（猪牛羊）大户 40 户、林下魔芋 5000 亩、林下天麻猪苓 380 万窝、食用菌 1500 万袋，林下经济总产值达 4.6 亿元。龙王镇村民苏永前与朋友合伙投资流转土地 1000 亩，发展药用牡丹种植，采取"合作社+产业园+农户"的发展模式，农民以土地和劳动力入股，并将产业收入的 50%分给入股农民，吸收当地贫困户 300 人，农民人均纯收入达到 8000~10000 元。

宁陕县积极创新，通过购买社会化服务等方式，扶持建立了融资评估、森林病虫害防治、森林防火等社会化服务体系。搭建林业科技微信技术服务平台，开展法律法规和实用技术培训、指导咨询等服务，提高农民生态保护意识和实用技术水平，与科研院所和高校开展合作，重点解决产业发展中的技术难题。

4. 林业工程使贫困户转变为林业工人

依托林业重点生态工程，促进贫困人口增收。以镇村为单位，组建以贫困户为主体的种苗繁育、造林绿化、公益林管护、经济林经营管理的林业合作社40家。县政府每年筹措 1000 万元资金用于实施天保工程、长江防护林工程、森林抚育、低产低效林改造等林业重点生态工程和重点区域造林绿化项目，在实施项目时政府优先采购合作社的产品和服务、优先聘用有劳动能力的建档立卡贫困户参与项目建设，增加贫困群众劳务收入。2017 年中幼林抚育项目资金 440 万元、林下经济项目资金 100 万元、核桃产业提质增效奖补资金 515 万元，带动 300 户贫困户平均增收 3000 元。

5. 一人当上生态护林员全家脱贫

2016 年起，通过政府购买服务的方式，按照"县管镇聘村用"的原则，从 40 个贫困村的建档立卡贫困户中，吸纳有劳动能力的 812 名村民担任生态护林员，人均管护面积 500 亩以上。任务是常年巡山护林，每月巡山不少于 22

天，发现林区违章用火、森林火灾、乱砍滥伐、乱捕滥猎等情况，要坚决制止，及时上报。每人每年工资为7000元。实行动态考核管理，一年一聘，直至脱离贫困。梅子镇安坪村冯传兵与镇政府签订了聘用合同，领取了生态护林员上岗证后高兴地说："没想到巡山护林还能领工资，每年有7000元的固定收入，今后可以理直气壮地管护分给我的500亩林地了，而且还能通过党和政府的帮助，自己做一些产业，我已经开始养兔子了。"

6. 依靠景区生态旅游能赚钱

宁陕县先后引进了西安双龙公司、陕西久权公司、陕西银达集团等28家企业投资开发38个旅游项目，引资总额突破280亿元，通过"公司+合作社+农户"等模式，联合开发旅游资源，投资建成朝阳沟生态休闲度假区、上坝河国家森林公园、上坝河国际狩猎场、秦岭峡谷漂流、汶水河漂流、苍龙峡溯溪探险、海荣皇冠大酒店、秦岭鹿苑等生态休闲景区、景点和配套设施，来山区休闲游、自驾游、乡村游、野外探险游的人数不断攀升。在旅游业的带动下，周边乡镇企业、村民相继建立了以旅游为纽带的小产业，包括森林人家、民宿、旅游劳务、农村临时停车场、乡村导游、小商品、土特产等相关旅游商品。全县发展家庭农庄56个、森林人家80个，每个景区解决贫困人口就业达到 15% 以上，贫困人口稳定增收 3000 元以上。

朝阳沟平均海拔 1150 米，森林覆盖率高达 92%。丰富的森林资源和良好的生态效益，吸引了西安海荣集团投资开发，围绕休闲度假、旅游观光而建的生态景区已初具雏形。上坝河国家森林公园位于县城东北部，气候湿润，雨量充沛，森林覆盖率为 98%，是一处天然的森林氧吧，上坝河国有林场以林地入股，通过招商引资，引进西安华鑫集团投资开发旅游项目。首先受益的是当地群众，一部分群众被安置在景区就业，更重要的是带动森林人家和农家旅馆等产业的发展。

皇冠镇朝阳社区村民廖凤琴说："以前我们家居住在沟里河对岸，住土墙房，交通不便，没有收入来源，家里生

山区表态

活比较困难。"西安海荣集团在朝阳沟投资开发生态旅游后，她家拿到了 12 万元景区建设征地和林地流转补偿款，搬到集镇住进了 208m² 的两层楼房，开起了家庭旅馆，现在年收入超过 2 万元，人均收入达到 5000 元。

宁陕县将乡村旅游发展与脱贫攻坚工作相结合，依托旅游带动群众脱贫致富，探索出了社区性开发的"皇冠模式"、股份制开发的"漫沟模式"和沟域经济的"蒿沟模式"。广货街漫沟天成渔业专业合作社，由当地农户以山林资源投资入股，按股分红，带动群众脱贫致富。漫沟天成渔业专业合作社主要依托当地良好的生态和旅游资源，以观光、垂钓、采摘为重点内容吸引游客。合作社共有成员 108 户，其中贫困户 56 户，注册资金 68 万余元，开园以来，年接待游客 2.5 万人次，实现旅游综合收入 600 万元。

三、三种脱贫模式探索

1. 经营主体+基地+贫困户模式

围绕魔芋、药菌、林果等产业，探索产业发展模式，延伸农户、基地、市场主体广泛参与的产业发展链条，带动贫困户增收致富。一是订单保底型，如海棠园合作社、滨海园区等与农户签订种植合同，实行统一标准、分户经营、集中指导、严格质量、保底价回购产品。二是入股分红型，如绿宝生态农业专业合作社，吸纳农户通过土地托管、土地经营权入股等方式入股，年底按股分红。三是合作经营型，如秦南菌业、阳晨牧业等公司，与农民签订多种形式的合作协议，通过合作与联合的方式发展产业。四是务工就业型，如合兴、艾班卓等园区，吸纳当地贫困劳动力就业、务工，使贫困群众就地转变为产业工人，实现稳定增收。

2. 支部+X+贫困户模式

坚持分类施策、因村制宜，积极推动村级组织与社会资源有机融合，最大程度地发挥党支部在脱贫攻坚中的作用。一是支部+农业园区+贫困户，依托农业园区，把贫困户纳入园区建设的产业链中，通过园区统一生产管理，形成各个园区以党支部为引领，规模化、集约化、市场化经营，有效规避贫困户分散经营风险。二是支部+合作社+贫困户，采取党支部创办、领办等方式，成立农民专业合作社，充分发挥党支部的政治优势、组织优势及合作社的经济优势和市场优势，搭建合作平台，用合作社的"大手"拉起贫困户的"小手"，帮助贫困户找到长期稳定的致富路子，有效增强贫困户的自我造血功能，形成贫困户脱贫、集体经济积累增强、合作社增效、党支部三力作用增加的格局。三是支部+生态旅游+贫困户，依托辖区旅游资源，各镇旅游村党组织发挥支部主导作用，号召贫困户参与生态旅游事业发展，积极组织贫困户发展森林人家、农家旅馆等服务业，增加群众收入。把贫困户的土特产品打包投放到旅游市场，并引导贫困户的剩余劳动力与旅游企业签订用工合同，解决务工问题，充分发挥生态旅游在脱贫攻坚中的带动作用。四是支部+党员干部+贫困户，以村或社区为单位，以支部为纽带，认真落实党员连心干部与贫困户对口帮扶工作。发挥党员干部视野宽、思路多、信息广等优势，加强与贫困户的沟通联络，针对不同帮扶对象实施一户一策，采取政策上帮、思想上引、资金上扶、技能上教等措施，全方位、多形式为贫困户做好生产和生活上的服务，帮带贫困户脱贫致富。

3. 电商+产业精准扶贫模式

运用互联网+，依托县域特色电商平台支撑，充分发挥以秦岭南麓农林产品、特色资源交易市场和物流园区等配套体系的资源整合功能，加强对精准扶贫对象为重点的电商人才培育，鼓励和支持贫困户开办网店自主创业。通过电子商务企业、网商经纪人、种养大户、专业合作社与电商平台等，构建面向电子商务的产业链，帮助和吸引贫困户参与。

四、生态脱贫的启示

1. 生态脱贫要因地制宜发展绿色产业

脱贫攻坚，必须始终坚持精准发力、精准脱贫，因地制宜，结合地方实际，根据困难群众的实际需求，采取有针对性和实效性的行动，绝不能大而化之、笼而统之。

山区脱贫希望在山、出路在林，要立足森林、生物等优势资源，靠山吃山，念好"山水经"，一产突出林下作物，二产围绕循环经济，三产发展绿色休闲旅游，在产业联动互动中提升发展水平，增加群众收入。坚持在保护中利用，在发展中富民，充分利用林地发展特色产业、拓宽增收渠道，在林业资源永续利用中增加群众财产。在调研的几个村里，有依靠养殖中蜂致富的，有依靠种植香菇木耳致富的，有通过搞生态旅游服务致富的，很好地利用当地优良的生态资源，就能够在比较短的时间内脱贫乃至致富。

2. 把群众组织起来

生态脱贫关键在党，关键在基层组织。通过选拔一批大学生创业者为村党支部书记，选派县直部门技术人员担任第一书记，发展地方能人为党员等方法夯实基层党组织力量，通过党支部的引领带动，建立合作经济组织。在企业、合作社的助力推动下，贫困户采取土地流转、劳务用工、三产转型、入股分红等方式与市场主体结成利益共同体，在产业链中获得稳定收益，逐步实现脱贫目标。

3. 加强机制创新

宁陕县发放了全省首批公益林预收益抵押贷款、首批林地经营权流转证，全省首批生态护林员率先上岗，搭建了大生态网格化管理平台。以全国集体林业综合改革试验示范区建设和国有林场改革为重点，不断探索和完善林业发展新机制，进一步搞活林业资源，激发林业发展活力，增强林业脱贫实效。

4. 找准突破口

生态脱贫工作头绪千丝万缕，切忌眉毛胡子一把抓，要抓住关键点，找准突破口。立足于林业产业的低碳、绿色、循环、可持续发展，在坚持抓好常规林政管理、保护生态的前提下，重点发展林业产业，以生态休闲旅游开发为突破口，统筹整合县境内生态资源，将生态休闲旅游与新农村建设有机地结合，逐步形成城镇带农村、旅游促发展的生态建设新格局。延展旅游产业链条，大力开发具有山区特色的农副土特产品，为生态休闲旅游提供产品支撑，带动森林人家等系列服务和旅游产品上档次创效益，提高生态休闲旅游的综合效益。

第三章

扶贫的核心是扶志

一、解决好内生动力

在山区农村有少部分人，不因病不因教致贫，更不因孝致贫，就因懒致贫，以争当五保户和低保户为荣，"坐等要"的思想非常严重。调查中遇到一位叫"光友"的52岁单身汉，与80多岁的母亲一起生活，身体状况虽比不上壮劳力，但是基本零活尚且能干，脑袋灵光，能说会道，可就是怕吃苦，没有一点勤劳致富的想法，成了村上脱贫的"老大难"，乡村干部多次找他做工作，他依然"靠着墙根晒太阳，等着政府送小康"。每年村上都有脱贫任务，考虑到他家中还有80多岁的老母需要他照顾，镇干部和村民，也出于"怒其不争哀其不幸"的心理，同意将其纳入贫困户。"光友"现象是比较典型的一例，像"光友"这样的人在山区占贫困户的5%左右，这些人论生活状况都符合贫困户的界定，但是将其纳入贫困户总是让周围人感觉不舒服，好的涉农惠农政策，助长了他们坐等"天上掉馅饼"的懒汉思想。有部分有儿女且儿女有赡养能力的老人被定为低保户或者贫困户，也许评选者考虑到老人年事已高，心生同情，但是这样的评定结果助长了某些人不尽孝或责任缺失的不良风气。

也有少部分人不是贫困户，却绞尽脑汁，企图通过跑关系、走后门等不正当手段成为贫困户，更有甚者跑到村委会门口、乡镇政府恼羞成怒、破口大骂地喊着要当贫困户，如若不成，就扬言上访。调查中遇到一位村民满腹怨气地说："我这么多年来，没有享受过一点儿好政策，凭啥贫困户就能享受，我不是贫困户，也是我辛苦奋斗下来的，我不拖政府后腿，国家还不关心我了，我也要当贫困户。"反映出有些人缺少感恩之心，对他人缺少同情之心。便捷的交通、良好的就医环境、免费的义务教育……哪一样不是好政策普惠给群众的。

示范引领作用，对贫困户做到扶贫先扶志。以前扶贫相对粗放一些，少部分贫困户患上了"伸手要，能吃饱"的懒症，这些人对自己的生活标准要求极低，低到不管吃啥，只要不用劳动，饿不死就行。走访中听到这样一个故事：

"患懒症的贫困户一听扶贫直接想到的就是给钱，但是产业政策里没有直接给钱，那怎么帮扶？帮扶人员就给了鸡苗，承诺养大了再收购换钱给他，结果帮扶人员去回访鸡养得咋样了，贫困户说早就吃了……"这个故事说明扶贫最重要的是扶志，只有贫困户自身有脱离贫困的意愿，有出一身汗、脱一层皮的决心和勇气，才能真正走向富裕之路。比如，梅子镇安坪村党支部就通过村民脱贫后的现身说法鼓励贫困户，发挥产业致富带头人的作用，给贫困户带思想、带产业、带技术，还定期请各级领导干部、技术人员给贫困户讲政策、讲技术，多效合一，统一贫困户思想，形成脱贫合力，让贫困户"看到希望、自感压力、愿意发展"。

精确帮扶，因户施策。贫有百种，因有千种，大水漫灌式扶贫很难奏效，必须采取精准滴灌。通过进村入户，分析掌握致贫原因，充分尊重贫困户的发展意愿，对症下药，靶向治疗，不搞花拳绣腿，不摆花架子，确保帮扶效果落实到户到人，脱贫成效能真正获得群众认可，经得起实践和历史的检验。筒车湾镇海棠园村结合产业发展的实际和群众意愿，积极探索多种模式扶贫，形成了"支部+特色产业+贫困户、支部+扶贫搬迁+贫困户、支部+生态保护+贫困户"等多种党建精准扶贫模式，将全村130户贫困户全覆盖。

转变作风破解难题。农村基层干部恪尽职守是农民对政府信任的第一关口，因此，基层干部一定要正确行使权力，严格落实国家的各项扶贫政策，妥善用好各项扶贫资金，不独断专行，不以权谋私，不弄虚作假，自觉接受村民监督。巡查督查尽可能选择交通不便利、经济基础比较差的村组，使山区的各项工作覆盖各个乡镇村落；调研走访不能搞形式主义，要将经常深入山区农户形成常态机制，才能真正体察民情，落实政策。

精确识别贫困户，干部和村民都不做老好人。充分发扬基层民主，保证贫困户认定透明公开、公平公正。像"光友"这样的"老大难"，首先要改变他好逸恶劳的思想，激发他改变贫困的决心和干劲。对于不符合五保户、低保户、贫困户条件的家庭，不能降低认定标准，助长不良的社会风气。

二、扶贫力度不均衡

自精准扶贫工作开展以来，农村扶贫虽取得了很大成效，但大都属于离县城、乡镇政府较近的农村，或者是交通便利、经济基础较好的村落，而对于交通落后、山大沟深的村落，扶贫中的低质低效问题仍然存在。一些偏远山区群众，有的贫困村民连最基本的贫困户评定标准也不知道，更谈不上对扶贫政策的了解。在和一户贫困户的交谈中，他说："我是大队打电话通知我被评为贫困户的，具体怎么弄得人家也没多说。不过后面也没啥事再通知我。"另一部分贫困村民是从村头巷尾的闲聊中零星知道一点政策，但是也是只知其一不知其二。就如问及移民搬迁补偿政策，有的贫困村民仅能回答"听说搬迁给补钱哩"。至于补多少，需要什么手续才能享受补偿政策，则摇头说："那还不晓得（知道）。"还有一部分贫困村民，村干部告知了相关扶贫政策，但是在这个过程中，既有村民受教育文化程度低，对政策理解力不足的问题，也有村干部对政策的解读不够，导致贫困村民对国家好的政策了解不透。当问及他们想不想了解政策、享受国家扶贫政策时，他们有的欲言又止，有的似笑非笑地说："知道了，我们也弄不了，我们又莫的（没有）关系。"据个别群众反映，有些村干部借着手中的权力，人情扶贫、应扶未扶和扶富不扶穷等现象在个别偏远农村还存在。在谈到一些不公现象时，建议他们向镇政府反映，村民慌忙摆手："要不得！要不得！都是乡里乡亲的，再说人家是干部，得罪不起。"

这种现象的形成原因是多方面的，一是偏远山区农村，交通不便，信息闭塞，村民思想落后，法律素质和权利意识普遍较低。大多数村民对法律知之甚少，更不懂争取自身权利，他们唯权、唯亲至上。因为对村干部手中权力的盲目崇拜和观念里陈旧质朴的宗亲家门思想，所以在面对农村的不公和腐败时，村民就认为一切是理所当然，能够默默接受。二是少数基层干部的群众观念和执政理念扭曲，个别乡村干部官僚主义思想严重，对国家扶贫政策的宣传就是照本宣读，不仅不答疑解惑，有时候还故意神化政策，让群众望而却步，更有甚者自认为自己是土皇帝，横行村里，搞一言堂。上级部门在检查扶贫和调研中，一般去交通便利、基础条件较好的山村，一家以蔽之，对于偏远山区的贫困农民问题就不能及时发现。诸如帮扶第一书记的配备，在调研中发现，自然条件恶劣、基础条件差的村庄，第一书记的配备充其量是所在乡的干部，而省市县干部大部分被安排在基础条件比较好、交通比较便利的山村。

三、方式方法对脱贫的影响

扶贫政策细致入微，但是少数贫困户依旧存在"年年扶贫年年贫""今年脱贫明年贫"的现象。江口镇竹山村贫困户刘宏兴说："我用政府扶贫资金种的猪苓，种时市场行情 70 元/斤，现在市场才 20 元/斤，都不够我的投资成本。"又如贫困户老李想种植中药材脱贫，但又碍于村上集中引导贫困户发展农家乐的大环境，就在明明知道自己特长等各方面不适合从事农家乐的情况下，仍然投资农家乐，结果雪上加霜，没有找准症结对症下药。贫困人口致贫原因各不相同，有的是农产品没有销路，有的是脱贫

村民家中调研

缺乏立足长远的技能，有的是选好项目而没有启动资金，有的是家中有病人或者学生而无法出门打工。所以，扶贫应区别不同的贫困情况因户施策，结合贫困户发展意愿，因地制宜，统筹兼顾。

由于历史的原因，许多搬迁移民受教育程度低，接受能力不高，一些培训忽视受众群体的特点，重理论轻实践，缺乏针对性，培训流于走过场，内容空洞，不能满足搬迁移民的需要。

第四章

基层党组织建设调查

调查的方法是随机抽取样村，通过入户调查、村民座谈、问卷调查、民主测评等形式，先后对筒车湾镇、梅子镇、皇冠镇、江口镇、广货街镇等 5 个镇 8 个村党支部进行了党建调查。在山区走访调查发现，即使在最偏远的村庄，党建工作也做得有声有色，无论是在精神文明建设，还是生态脱贫工作上，党员在村里都发挥着重要的带头作用。

村民自治制度的实行，农村税费的减免解决了许多农村社会问题，村级组织的职能也逐步向服务型、公益型、互助型转变，工作性质也发生了根本的变化。由过去的"催粮要款，刮宫引产"，转变为收取医疗保险费、养老保险费，发放低保费，协调土地征占用，组织群众进行农业新技术的推广应用，引导村民脱贫致富建设新农村。

一、村组织与经费

村组织及其主要成员有：村党支部及支部书记，村民委员会及主任、文书，村民监委会及主任，各村小组负责人，以及妇联主任、团支部书记等。

行政村组织机构人员工资全部由县财政统一支付，村党支部书记、村主任工资每月 2000 元，文书 1400 元，监委会主任 1000 元，实际每月只发 60%，年底考核合格后再补发剩余的 40%，不合格者按照规定做相应的扣除，妇联主任每年 500 元，团支部书记每年 300 元。

人数超过 1500 人的行政村每年办公经费为 2.5 万元，1500 人以下的行政村为 2 万元，有扶贫第一书记的村，办公经费在原有经费基础上每年再增加 5000 元。村办公经费支出主要是村小组组长工资、党建、宣传报刊订阅费及日常办公，例如筒车湾镇海棠园村有 8 个村小组组长，每人每月工资 60 元，合计每年支付村小组组长工资 5760 元，村党建经费 5000 元，订阅各类报刊 1300 元，剩余的用于日常村务办公。

二、党员结构

农村党组织是党在农村工作的基础，农村党员队伍，

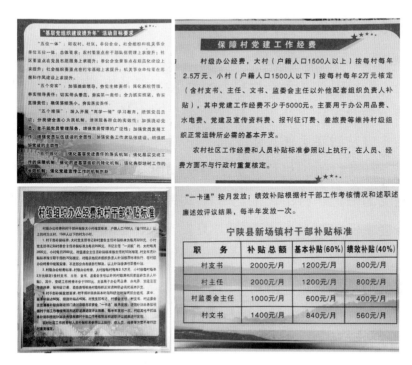

基层党组织建设与经费标准

为农村改革开放做出过重要的贡献，也是带领村民脱贫致富的引路人。关于山区农村党组织结构问题，以调查走访的 5 个村数据来分析说明。

1. 男女比例失调

男女党员比例失调，女性党员在基层党建中的作用依然被弱化。5 个村共有党员 184 人，其中男性党员 153 人，占总人数的 83 %，女性党员 31 人，占总人数的 17 %，女性党员比例过低，女性党员在工作、生活中的作用被严重忽视，男主外女主内的思想在农村仍很严重，忽视发展女性党员，不利于在农村消除性别歧视，不利于发挥女性的积极性和创造力，不利于农村党组织和党员队伍的先进性建设。

<h2 style="text-align:center">山区 5 村党员结构表</h2>

村名	党员人数	男	女	男性党员比例	女性党员比例	平均年龄
新场村	37	28	9	75.7%	24.3%	46.7
海棠园	57	47	10	82.5%	17.5%	44
江河村	38	32	6	84.2%	15.8%	52
花石村	15	14	1	93.3%	6.7%	46.7
高桥村	37	32	5	86.5%	13.5%	41
合计	184	153	31	83.2%	16.8%	46

2. 年龄结构偏大

老龄化问题比较突出，5 个村党员平均年龄 46 岁，江河村党员 38 人，其中 60 周岁以上的党员 14 名，30 周岁以下的党员仅 1 名。海棠园村党员 57 人，外出务工 21 人，大部分年富力强的党员，都不愿守业务农，选择外出务工，直接影响了农村党员队伍战斗力的发挥。也有一些年轻人的人生观、价值观发生了扭曲，只讲实惠，只想赚钱，不讲政治，心态消极，认为入党无用，造成农村党员后继乏人的状况，直接影响了农民党员队伍的结构。

3. 文化程度较低

党员文化程度较低，接受新思想、新技术的能力弱。在调查的 5 个村党员中，小学、初中文化程度占 75%。党员思想趋于传统，满足小富即安，缺乏时代意识，对党的路线方针政策不能深刻理解和全面贯彻，没有创新思想，在引导农民致富的过程中，很难掌握现代科技知识和农村实用技术。

虽然农村党员中存在一些问题，但从文化程度、经济收入、社会地位、个人威信、劳作技能方面还是有一定的优势。村党支部书记们认为，村上党员的个人素质比普通村民要高，党员是荣誉也是责任，在干事上能起到一定带头作用。

三、党建促进脱贫

1. 党建责任体系已经形成

"责任不实，不知为何抓；任务不清，不知抓什么；方法不当，不知怎么抓"，这是安坪、北沟、油坊坪村党支部书记不约而同讲到以前农村党建工作面临的困境。针对这些问题，宁陕县委注重工作方法创新，在夯实工作责任上抓落实，各镇党委建立了党委书记负第一责任、党委副书记负分管责任、组织委员负具体责任、党建指导员负包抓责任、村党支部书记负直接责任的党建工作责任体系。

2. 党员教育培训形式多样

冷水沟村党支部书记说："我当支部书记有年头了，前些年参加一次镇上的集中培训很难得，而如今也不是什么稀奇事了，政策理论宣讲、实用技术培训、外出观摩学习等各式各样的学习机会特别多。" 2016 年，江口镇举办党支部书记理论知识培训班共 5 期 200 人次，外出观摩学习共 4 期 60 人次，开展党务工作应知应会知识考试 2 次，结合"庆祝建党 95 周年"开展党的基本理论知识有奖竞猜活动 1 次，通过形式多样的培训活动，有效地提高了党员队伍的整体素质。

3. 党内政治生活明显加强

"过去村党支部很少召开党员大会，如今基本上每月开一次，而且来的党员也比较齐，一些年龄大的党员即使走几个小时的山路，也时常会来参会。"这是在竹山、油坊坪村委会附近走访群众时了解到的情况。竹山村党支部有 60 名党员，是江口镇党员最多的党支部。竹山村党支部书记说："我们村以前全年开会一个会议记录本足够，如今一年下来 5 个记录本都已经写完，而且都是全程纪实，不存在凭空捏造现象。"近年来，江口镇深入探索党内学习教育常态化机制，固定每月第一周星期一下午全镇范围内统一开展"主题党日"活动，党员集中学习，齐读党章，排队交纳党费，重温入党誓词，民主议事，这些环节使得组织生活"活"了起来。

4. 党建促进脱贫成效显现

坚持党建工作和脱贫攻坚同部署、同检查、同考核，牢固树立"党建+"思维，坚持党建引领，深入探索"支部+X+群众（贫困户）"的模式，大力发展集体经济，带领群众增收致富。比如海棠园村近年来抓住"中办直通车抓党建促脱贫"的机遇，通过成立合作社等方式，发展茯苓、天麻、猪苓等中药材近 5 万窝，林下养蜂 1500 箱、养羊 500 只、养鸡 20000 只，预期纯收入 200 万元。其中，党员刘大华领办的中蜂养殖专业合作社发展社员 30 余户，养蜂 600 余箱，带动贫困户 16 户，建立了电商销售渠道，贫困户年平均收入增加 3000 元。朝阳社区借助陕西秦岭皇冠实业有限公司资金和实力，解决贫困户住房就业、子女上学、养老等问题，探索出一条"支部+企业+贫困户"的脱贫路子。通过企业旅游开发带动，10 年间将原来 90% 的贫困户降低到 13%。2016 年底，11 户 35 个贫困人口全部脱贫。

5. 农村干部工资增加

自 2015 年以来，村两委负责人月工资从 2014 年每月 900 元增加到每月 2000 元，副支书、支委等月工资也有了显著提高。安坪村党支部书记说："现在当村党支部书记按月领报酬，除了 24000 元年薪外，年终考核获得优秀，个人还有额外绩效工资奖励，现在只要一心为群众办好事，服好务就行。"工资待遇的提升的确让更多的村干部愿意沉下心来为村级事业出谋划策，引领群众发展致富。

四、村党支部运行机制

1. 村干部的培养和经济发展

总的来看，凡是支部班子凝聚力强、善于创新，党建工作就走在前列。所以选好配强支部班子最为重要，通过把年轻有能力的人培养成党员，把党员培养成致富能手，把符合条件、威信高、群众信任的党员培养成党组织成员或党组织书记，逐步改善党员队伍结构，进一步增强党组织的生机与活力，把农村基层党组织和广大党员干部推到农村发展的最前沿，真正发挥党员干部的先锋模范作用。对于优秀的村干部要建立激励机制。诸如推行"定职责目标、

干好有希望、收入有保障、退后有所养"的机制。把提高
干部队伍素质作为大事来抓，采取"请进来，走出去"相
结合的方式，加强党员干部素质教育培训。

2. 坚持党建和经济两轮同转

按照"围绕发展抓党建、抓好党建促发展"的思路，在
"党建+扶贫""党建+旅游"等方面下功夫，拓展"+"的内
容，探索"+"的方法，谋划和扶持农村集体经济的发展，
鼓励集体经济在促进就业和公益性事业的发展中发挥作用，
不断提升党组织对群众的凝聚力、吸引力和感召力，走出
一条党建引领群众增收致富奔小康的新路子。

扶贫工作任务逐级分解后，最繁重的任务还是在基层，
基层干部经常节假日不休息，需要教他们工作方法，对中
央的政策解读和落实贵在原原本本，而不是任意地解读、随
意地增加工作量。入户调查、建档立卡是需要数据录入备
案的，但是诸如"盲目地重复统计数据""以数据落实数
据"等是不合理的。要认真学习并领会中央规定，从思想
意识上强化密切联系群众的工作作风，形成高效科学的工
作方法。

3. 流动党员管理

山区长期外出务工党员人数比较多，外出期间很少过

组织生活，对村党支部的工作不闻不问，对家乡建设也不关心，村支部不同程度存在流动党员管理难的问题。在推行流动党员学习教育全覆盖中，有的村支部建立了流动党员信息库，掌握流动党员的基本情况，建立 QQ 群、微信群等线上平台等方式，每月定期与流动党员联系，了解思想动态，传递组织关怀。有村党支部书记认为："尽管我们有线上学习平台，支委每个月也定期电话与流动党员保持联系，但这都不是长久之计，很难保证流动党员学习教育常态化、组织生活正常化。"通过建立在家党员与流动党员"结对帮学"机制，一定程度上解决了流动党员管理的难题。同时与流入地党组织做好沟通衔接，确保流动党员离村离家不离党。针对流动党员普遍感到转接组织关系和领取流动党员活动证比较麻烦，在外地参加组织生活情况难以统一记录备查等问题，建立开放统一的"党员全员信息库"，实行党员电子活动证制度，建立完备的党员电子档案。建立健全党内帮扶和激励机制，增强流动党员对党组织的归属感。

4. 部分党员作用发挥不明显

山区农村少部分党员素质不够高，觉悟比较低，一旦组织生活影响自身生产生活就没有参与积极性，更谈不上发挥党员带头作用。部分村党员中的"产业达人"不愿当后备干部。油坊坪、江河等村尽管都按照"一职两备"的原则选拔了后备干部，但培养方式单一、激励机制缺失等，后备干部素质能力提升不明显。调查中发现只有 35%的群众了解村级后备干部,本人不知道自己是后备干部的占22%。在调查中发现农村党员队伍也存在一些问题，新党员发展条件要求高，党员组织管理严格，农村很多人入党积极性不高，这些问题需要逐步加以解决，

5. 村级活动场所建设

按照功能完善、布局合理、作用充分发挥的原则，从落实责任、解决资金、整合资源三方面入手，采取盘活闲产、改造维修、新建扩建等方式，规范活动阵地建设，确保全面达标，彻底消除"会场打游击，活动无场地"的状况。这次调研走访的 8 个村，虽然活动场所都达到 200 平方米，但基本都属于多室合一。在村级活动场所满意度问卷调查中，56%的调查对象对使用情况比较满意，认为能够发挥主阵地作用，10%的调查对象反映村级活动场仅仅作为村干部办公、组织党员学习的场所，没有建成村民接受科技文化培训、获得生产生活信息、参加文化娱乐活动的综合性场所。

第五章

移民搬迁情况调查

一、山区移民搬迁状况

2011 年，宁陕县确定移民搬迁安置点 110 个，现已建成安置点 78 个，入住农户 4209 户 12596 人，尚有 32 个安置点在建。搬迁后村民的居住条件、生活环境、生产方式等发生了很大的变化，以 3 个典型农户为例。

皇冠镇兴隆村老吴，男，58 岁，特困户，平日里以打零工为生。享受政府的移民搬迁交钥匙工程，在兴隆村小区有 60 平方米住房 1 套。村里自家住房和耕地被海荣集团征用，但因海荣集团尚未开发利用，村子又离移民搬迁安置小区仅十几分钟车程，所以继续回家务农，口粮和蔬菜自给。问及移民后的生活状况，老吴说："老伴去世，我一个人在哪儿都是住，党的政策好，让我免费住这楼房，干净卫生。不过就是种粮吃菜不方便，还得回家种，以后人家开发了，不让种了，米面粮油就都得自己买，那笔补偿款倒是够买米面粮油了，就是当了一辈子农民突然吃粮要自己买，不习惯得很。"

皇冠镇南京坪村胡某，男，40 岁，贫困户，家有 3 口人，每人获得移民搬迁住房补贴 2.5 万元，共补贴 7.5 万元，另外家中的房子被海荣集团征用，获得补偿款 14.2 万元，购置南京坪移民安置小区 1 楼住房 1 套，房款花费 10 万元。去年全家入住，妻子在此房屋内经营小卖部，收入够维持自己和孩子的日常开销。胡某在朝阳沟景区工作，月收入 3000 余元。问及移民搬迁后的情况，胡某说："搬了好，搬了好！居住环境好了，务工和做买卖的收入高了。"

筒车湾镇龙王潭村张某某，男，28 岁。因水库建设移民至筒车湾镇许家城村，花 10 余万元购置 90 平方米移民小区住房 1 套，政府按户补贴 5 万元。目前张某某和妻子在许家城街道经营酸奶店，父母因年岁大找不到活，在家待着。张某某说："我们移民后，各项成本太高，以前老家 120 平方米的房子足够我们一家 5 口人住，现在实用面积仅 70 平方米的房子要挤一家 5 口人，特别紧张，大一点房子买不起，若给父母在外面租房子也要钱。对于父母来说，他们快 60 岁的人了，没有人愿意雇佣，根本就没有收入，现在家里也没有土地了，吃根菜都得花钱买。"

二、搬迁移民与产业和文化融合

1. 搬迁移民增收难的问题

一部分农户搬迁移民后，后续产业跟不上，增收渠道不畅通。制约搬迁移民产业发展的因素有很多，一方面，有的搬迁移民区规划缺乏周密性和长远性，标准不高。另一方面，政府单一的产业扶持手段缺乏多样性和针对性，难以增强搬迁移民的持续发展能力。同时，搬迁移民安置地缺乏具有一定市场竞争力的领头企业，村集体经济发展较弱或者没有，农产品销售渠道较窄，现有的产业层次低、数量少、规模小，容纳劳动力少。

搬迁移民返村"刨食"现象。许多山区农民原来靠几亩农田和几片林子生活，搬迁移民后需要重新找生业。一些农户迁出后除了住房、吃水、用电等生活条件改善外，经济条件并未得到显著改善。所以很多农民尤其是年龄偏大的，在搬迁移民后又选择返村种地，小区实际入住率很低。如皇冠镇的一个村子，搬迁移民安置小区卖出房子125套，实际入住的不到30户。

2. 户情差别大，不宜统一要求

村情户情千差万别，搬迁移民的补助资金和政策也就不宜统一，而且搬迁移民是一个系统工程，村民盲目搬迁，有可能造成资金浪费，且难以实现初衷。江口镇竹山村和广货街镇蒿沟村有些村民的居住地等各方面条件都不需要搬迁移民，而仅仅因为考虑到有移民搬迁政策补贴，他们就盲目跟风离开故土，造成"搬出来，稳不住，想回去"的尴尬局面。

3. 搬迁移民"等靠要"思想突出

在走访调查中发现，山区农户居住分散，交通不便，信息闭塞，村民思想观念以及劳动技能只适应原住地的环境，多数村民搬迁到新的移民居住地，发展的思路还停留在原来的传统种养殖业上，一旦远离了土地，就变得不知所措。甚至其中一部分搬迁移民对未来生活失去了信心，存在严重的"等靠要"思想，认为是政府把他们搬迁来的，所以政府就应该给他们支持和帮助，政府要管到底，靠自身发展致富的内生动力严重不足。

4. 搬迁移民边缘化的问题

很多搬迁移民户迁入新的移民地，因移入地资源少、基层管理人员少等原因，村组织不接收搬迁移民，移民搬迁户的关系还在原村，原村若距离移入地较远，就会造成移民户管理难的问题。同时当地村民在心理上也是排斥移民户，而且移民搬迁户总觉得自己是外来的，在心理上缺乏归属感，特别是从深山搬到镇街的村民，不自信、不适应的思想和情绪还比较严重，加之难以割舍的乡愁，都让他们比较难以融入当地社会氛围，有一定边缘化的倾向。

5. 移民区配套设施建设不完备的问题

部分移民安置点建设缺乏长远规划或缺少资金，基础设施和公共服务设施不全。诸如一些村民反映所在移民点没有完备的垃圾处理设施，环境污染严重；部分移民认为社区型居住模式本身就限制了农民的生活，如若再没有配套的文化体育设施，诸如图书室、文化活动指导站、室外活动广场等，村民基本的文娱生活就没有了。

三、移民搬迁的启示

移民最关心的是人地分离后，能否超越原有生活条件，提高生活的幸福指数，这是普遍性问题。通过对山区移民搬迁的调研，听取村民们对移民搬迁的一些意见和建议，形成移民搬迁工作的启示。

1. 培育与移民相适应的产业

移民是否成功，决定性的因素不是房子而是产业的发展。相关产业发展起来了，才能真正稳得住群众，走上致富之路。目前山区移民产业发展相对滞后，充分利用当地资源，因地制宜，依托移民安置地区现有的特色产业来带动后续产业发展。比如四亩地镇移民安置点，依托规模成片的移民安置楼这一优势发展太阳能发电产业；许家城村安置点利用处于人口密集区这一特点发展森林人家、农家宾馆、农家乐等产业；元潭村依托已经组建的食用菌农业合作社、畜牧农业合作社等来发展种植养殖业，积极培养有带动作用的龙头企业。加大招商力度，积极引进劳动密集型企业，比如朝阳沟移民安置点引进的休闲度假酒店等。用好资产资本收益，比如兴隆村搬迁户自愿将农地、荒山等集体资产以及个人土地承包经营权、林权流转给企业，直接取得资产收益。通过规划和实施有效的后续产业，就近解决移民的务工增收问题，改变他们对土地的过分依赖。

2. 移民政策应该视情而定

因交通不便、基础设施配套困难，或者受自然灾害影响严重的村户可实行搬迁，而可搬可不搬的村户最好不搬迁，对于移民的农户应依据其后续发展能力酌情给予政策支持，移民后留足基本口粮田的和没有基本口粮田的，应该有不同程度的移民补贴，移民户中年龄构成的不同，会导致移民后寻找就业的难易程度不同，老人和小孩居多的，移民后面临的生活压力相对较大，应该有对应的移民补贴政策支持。移民的目的是为了让农民住得放心、过得舒心，但是不视情况的盲目搬迁就会适得其反。在农村年龄大的人离开土地后就业特别困难，土地不仅仅是农户的心理依赖，更是生存依赖，而年轻人离开土地后有好的发展机遇，子女也将接受较好的教育。对于这种不同的情况，可以考虑"老的待山上，小的搬进城镇"的模式，各享其愿。

3. 移民区的管理

易地移民工程的目的是为了改善老百姓的生活环境，让其感觉到安全、便利、舒适，安置点建设要按照"小型保基本、中型保功能、大型全覆盖"的原则，完善移民安置点公共服务设施，及时解决环境、用水、看病、上学等基本生计问题，使政府的惠民政策在移民区有效落地，增强搬迁群众对移民搬迁的认同感。

第六章

乡土人才助推脱贫

　　乡土人才，主要指农民企业家、回乡的大中专毕业生以及种植能手、养殖能人和能工巧匠等。他们生于斯、长于斯，对脚下的乡土满怀深情，无疑是山区发展的主力军。他们立足实践搞创新、通俗易懂推成果的方法令人倍感鼓舞，他们矢志艰苦奋斗、勇于解决困难的精神使人深受感染。

一、为了父老乡亲

　　丁宁，80后，江口镇竹山村党支部书记，大学毕业后，在城市当了几年白领，在村委会换届选举中，村民推选他为村党支部书记，他也希望能通过自己的所学所长让家乡变得更好。上任伊始，他挨家逐户走访，一个月内他走访完了全村 374 户。每一户的情况他都了然于心，想尽自己所能解决每户村民的实际困难。交通和信息闭塞是制约村民致富的最主要因素，丁宁就四处奔波筹款修桥，6 年的时间里，在政府的扶持下筹集到了近千万元的资金，建桥修路，改善了村里的交通，还引进移动、联通基站，使竹山村鲜花、红星两组的村民不再过着信息封闭、似乎与世隔绝的生活。村民说："丁宁来竹山村办了一件又一件的好事，经常看着他穿着一双解放鞋，顶着太阳在外面跑，让他进屋喝口水，他都顾不上。"在丁宁的心里，基础设施的改善仅仅是他为村民谋事的第一步，带领群众脱贫致富是他的使命所在。竹山村有丰富的森林资源，他鼓励村民积极发展林业产业，成立种养专业合作社，挨家挨户走访，说服了村里大多数村民加入专业合作社。村民参加合作社的劳动都是有薪酬的，而他却是分文不取。在跟老百姓做工作的过程中，会不可避免地遇到一些困难，他认为最有效的解决办法就是真诚待人。村民们都说他不忘本，确确实实想给村民办实事。2016 年，丁宁带领全村发展魔芋 1747 亩，3 年以后按亩产 500 千克计算，1 千克魔芋 2 元，全村可增收 174.7 万元，加上政府奖补 140 万元，带动 120 个贫困户和 140 个非贫困户，户均年增收 1.2 万余元。丁宁说农村有很大的发展空间，值得年轻人拓荒。

二、家乡就是聚宝盆

胡理凯，金川镇小川村人，坚信自己家乡就是绿色聚宝盆，大学毕业后回乡创业，8 年时间探索出林下综合种养模式，创出"胡三猪"品牌。作为一名普通的农家大学生，胡理凯缺少养猪方面的资金、经验和技术，但他时常整宿地待在猪场里认真观察和研究猪的生长与生理特点，正是靠着这一股子钻研劲，他取得了成功。目前，他的农场杂交野猪和黑猪发展到了 900 多头，同时他还利用已有的养殖技术，发展林下综合种养，在农场养土鸡 1000 只、种植党参 1000 亩、魔芋 500 亩、板栗 1300 亩。他通过一颗南瓜种子的创意，吸引网上游客来当地旅游，采购野猪肉、土鸡蛋、土蜂蜜等农产品，进而发展生态农业乡村度假，利用农村闲置房发展民宿、乡村生态游、森林康养产业。仅 2016 年，他的产业盈利就达到 100 万元。

三、一树一木一收获

高润泽，70 后，几年前他外出打工，后返乡创业，成为千亩林木和多种林下种养产业的润泽合作社社长。5 年前，集体林权制度改革，盘活了林地资源，他与村委会签订了 20 年的林地流转合同，在承包的荒山荒地上栽植了

竹山核桃园区

2000 多株核桃嫁接苗。白天栽树浇水，晚上巡逻护林，栽
的树苗全部成活。5 年过去了，核桃树已硕果累累，承包的
120 多亩林地，成为县里有名的核桃产业示范工程。据测
算，这片核桃林每年产出青皮核桃近 30 吨，产出效益 12 万
元，到合同终年收入可达 200 多万元。在县林业局的指导下，
又发展林下养鸡、林下魔芋，成立了林业产业合作社，高润
泽让农民以土地和劳动力入股，并将产业收入的 50% 分给入
股农民，使 40 个贫困户年人均纯收入达到 6000 元。

四、乡土人才的启示

以上三个创业的事例，体现了乡土人才在脱贫致富和农村发展中的重要性，他们的思路和做法，给人以深刻的启迪。

启示一 完善管理机制，充分发挥他们的聪明才智。宁陕县人才办牵头，联合农业、林业、畜牧等部门，以乡镇为单位，通过走访群众、调查了解、组织推荐等形式，全面掌握山区乡土人才的数量、学历、去向、联系方式、家庭基本情况等，把农村中的"田专家""土秀才"和能工巧匠找出来。根据乡土人才自身文化水平、从事行业、接受能力等按层次划分，分实用技术类、经营管理类、种养殖类、社会服务类、生产服务类等5类，并分行业对乡土人才进行造册登记，建立个人档案，做到分类造册、一人一档，确保全县乡土人才信息齐全，使乡土人才的管理制度化、规范化、科学化。

启示二 加大培训力度，注重对乡土人才的培养。一是在技能培训上下功夫，利用农村远程教育、乡农校、县职教中心等组织形式定期开展各类实用技术技能培训，着重进行现代科技、市场经济、农村实用新技术等方面的知识培训。开展送科技下乡活动，各类专家上门服务，进行巡回辅导，传播新技术，加快知识更新步伐。二是在开阔视野上下功夫，有目的、有计划地组织他们到发达地区学习先进经验，启迪思维，开阔视野，加强与外界的技术交流和合作。组织突出的乡土人才组成经验报告团，在县域和村镇之间开展巡回报告，既介绍自己的先进经验，又学习别人的成功做法，促进县域、村镇之间的相互提高。三是在"三培养"上下功夫，政治素质高、致富能力强的农村干部，对一村乃至一方的经济发展有着十分重要的引领作用。通过把乡土人才培养成党员、把党员乡土人才培养成村组干部、把村组干部培养成致富能人的"三培养"活动，不断增强乡土人才的荣誉感和使命感，提高其组织领导能力和决策水平，建设一支扎根农村、贴近农民、服务农村，带领农民致富奔小康的人才队伍。

启示三　通过示范引领，让乡土人才带动发展。一是通过政策吸引、金融支持等方式，将同行业的乡土人才组织起来，引导乡土人才创办各种专业合作社。目前山区有林业专业合作社45个，实现了技术、市场等资源的有效共享。二是开展送技术到家门口活动，组织乡土人才服务队深入田间地头、种养基地开展实践指导，现场分析和解决问题。三是大力推广"乡土人才+贫困户""合作社+农户""公司+农户"的模式，促使他们主动帮助贫困户解决项目和技术难题。四是组织农户到"田秀才""土专家"领办和创办的农业种植、畜牧饲养、水产养殖、蔬菜大棚等产业基地观摩交流学习，激发农户建基地兴产业的热情。近几年，宁陕县各类乡土人才上门现场指导农户 500 余人次，开展观摩交流活动 12 场次，创办或领办的专业合作社达到 200 多家，带动 3000 多个贫困户稳定脱贫。

启示四　创新激励机制，让乡土人才"香"起来。科学的激励机制才能育好人才、用好人才、留住人才。一是政治上激励，对政治成熟、有管理能力的优秀乡土人才，积极推荐他们参与村级民主政治建设，将其带动产业和管理村务的双重作用充分发挥出来；对年轻、工作能力强、成绩突出的人才进行重点培养，符合条件的推荐加入党组织，并优先充实到村组干部队伍中，使其成为带动产业发展的带头人和基层组织建设的新生力量。目前，山区有 8 名乡土人才被纳入乡级后备干部队伍。二是荣誉上激励，积极开展创先争优、优秀人才、拔尖人才等评比活动，大力宣传他们的典型事迹和成功经验，扩大他们的影响力和知名度，加大对他们的表彰奖励力度，让他们感受到党和政府对他们工作的认可和支持。2016 年，山区有 43 名乡土人才受到了县级以上表彰。三是待遇上激励，宁陕县正在建立乡土人才专业技术职称体系，让"土专家""田秀才"有名有分，并落实相应待遇，增强其社会责任感，激发其发展农村经济的潜能。

第七章

山区教育调查

从山区贫穷现状来看，有自然条件和基础设施条件差等一些原因，然而山区教育落后是制约山区发展的关键因素，也就是说，知识贫困是经济贫困的根本原因。随着山区移民搬迁、年轻人往外跑、条件好的往县城跑，农村教育设施、教育人才也就逐步衰落。一边是政府鼓励村民返乡创业，一边是村民为了小孩上学集中到城镇，这种矛盾值得我们深思。

一、山区教育面临的困境

1. 生源少而设施不断加强

竹山村是调查区域内最大的村落，1998 年前后有小学

3 所，小学生 200 多人，现在村里适龄入小学儿童只有 66 人，2017 年入学 6 人；入幼儿园儿童 27 人，2017 年入园 8 人，生源的减少导致完整的小学建制被迫变成 1 个教学点，这个教学点占地 2 亩，只有 1 名教师 8 名学生（包括幼儿园 4 名学生）。这种扫盲式存在的教学点，师资力量薄弱，教学质量偏低，就使得本身偏少的生源，又为了追求更好的教学质量另择他校而变得更少。

山区中小学及幼儿园情况统计表明，农村办学情况类似竹山村小学和新场小学的学校并不少，广货街镇丰富小学，龙王镇铁炉坝小学，太山庙镇新建小学、长坪小学均存在年级人数为个位数的情况，其他很多学校也存在生源减少的现象，班容量在十几个人的不在少数。

所有的学校教学设施比较齐全，筒车湾小学建有塑胶运动场，每个教室都配备了多媒体教学设备，图书阅览室、实验室、绘画室、音乐室等一应俱全。新场小学尽管现有的教室等设施已经超过了实际需求，学生流失的趋势已不可避免，但新的教学楼还在建设。

2. 山区教师尴尬的坚守

筒车湾小学校长介绍，学校每个星期都以教研组为主体组织一次公开课，由教研组、校领导一起评课，目的是总结经验，提高教学质量。组织教师参加各种培训活动，校级培训是经常性的；县级培训一般在寒暑假期间，采取集中培训或网络培训的方式全员学习；市级培训以及省级培训名额有限，只组织骨干教师外出学习，回来以后再对其他教师培训。宁陕县七个学区每学期都会组织一次评优课，推荐成绩优秀的教师去参加县级、市级、省级的评优课比赛。

新场镇小学是调查走访的交通最为不便的一所学校，共有教职工 8 人，一半是年轻的教师。从大城市上大学后来到乡下教书，这些年轻的教师有不小的心理落差，特别是远离家乡的教师，恋爱、结婚，两地分居以及后来带孩子等成为他们不得不面对的一系列头疼问题。

3. 山区留不住教师

山区教育生源少，缺乏优秀教师是一个很大的问题。各级政府对此颇为重视，县教育主管部门也曾深入调研，讨论振兴山区教育之路，在资金投入、项目建设、教育管理、师资配置、学生资助等方面重点向贫困镇、村学校倾斜，力求阻断贫困代际传递。

针对师资力量薄弱问题，建立了教师补充机制。2011年以来，通过实施特岗教师计划、省招县招免费师范生、振兴计划等途径，招聘中小学基础学科、音体美外语等紧缺学科教师和幼儿教师，提高班主任津贴标准，落实乡村教师生活补助，改善农村教师住宿条件，健全表彰激励机制，对获得乡村优秀教师荣誉称号的教师给予奖励。还选择 7 所城乡骨干中小学对口帮扶 11 所农村中小学，每年选派一定数量的学科带头人、骨干教师、教学管理人员到山区学校帮扶支教，传播先进的教改理念、教学方法，提高山区学校的办学水平。

针对幼儿教育、义务教育、高中教育、中职教育以及大学教育，实施了 27 项教育扶贫政策，其中幼儿教育 3 项，包括免保教费、补助生活费和残疾少年儿童资助；义务教育 3 项，包括两免一补、营养改善计划和残疾少年儿童资助；高中教育 3 项，包括免学费、补助生活费和国家助学金；中职教育 3 项，包括免学费、助学金和雨露计划；大学教育 15 项，包括雨露计划、大学生资助、市政府资助、农村贫困家庭大学生助学、希望工程圆梦行动、资助贫困残疾大学生、红凤工程、福彩公益金资助大学新生和金秋助学等。同时，针对全县适龄劳动力，举办职业技能培训班，并实行包吃包住包就业、免培训学杂费、免教材书籍用品费、补助生活费的"三包两免一补"培训模式。

国家"一补"资金即生活费补助资金，补助的对象只是贫困家庭学生，宁陕县采取"填齐补平"的方法扩大了范围，由县财政按照"一补"标准将义务教育阶段所有的寄宿学生生活补助费纳入地方财政预算，划拨学校统筹使用，让农村所有寄宿生在校期间总体达到了有热饭热菜、热水热汤的要求。对边远村镇学校和民族学校，营养计划补助标准还有所提高。

宁陕县对教育十分重视，投入比较大，然而面对生源的大量流失，对优秀教师的吸引力依然显得乏力。比如，学前教育和小学特岗教师的招聘条件一般要求专科以上，初中的特岗教师要求本科以上。而一般一二线城市小学教师学历要求本科以上，某些中学教师的学历要求硕士研究生以上。

二、孩子是家庭最大的希望

在调查的贫困户中，因教育致贫的占 10 %。随着社会的发展以及教育扶贫的深入，教育在农村家庭中的地位也逐渐提升。很多家庭为了孩子的教育愿意倾尽全力，一些家长表示只要孩子愿意学，他们可以削减家庭其他一切开支来支持孩子上学。走访中，问及一些家长如果家庭收入只有 1000 元，他们愿意拿出多少来进行教育投资时，有的家长说 500 元，有的家长说 800 元，有的家长毫不犹豫地说全部，有的家长甚至说如果孩子真的有天赋愿意学，他们借钱也在所不惜。他们的心中有一个共同的认知：只要孩子有个好前程，自己再苦再累都值得，只有把娃娃教育好，才是真正的拔穷根。很多家长会选择把孩子送到师资力量比较强的镇或县城的学校去就读，无论多苦多累，都愿意支持孩子上大学。

江口镇竹山村花屋组贫困户伍义波，是 80 后，专职在家带 2 个孩子，一个上小学三年级，一个准备上幼儿园。她的丈夫常年在杭州打工，每月往回寄 4000 元。公公婆婆年龄都是 65 岁，公公虽有腰椎病，但是简单的家务农活尚且能干。伍义波说："我也想出去打工，要是出去打工，我们生活不会这样。但是莫（没）办法，娃儿要得自己带才能管好。我们村只有一个小学点，只收幼儿园大班和小学一年级的孩子。为了娃能接受好的教育，大的孩子从上幼儿园开始，我就送到离这几十公里外的江口镇，我租房子陪读。好不容易大的上了三年级，她在学校寄宿了，我就在县城附近农家乐打了几天工，回家一看，爷爷奶奶连娃娃的头都洗不干净，更别说辅导作业了。现在这个小的也该上幼儿园了，也得去江口镇，我又得租房子带小的。"

筒车湾镇油坊坪村贫困户唐华芳，52 岁，在家务农，种植一些中药材，销路不太好，收益甚微。丈夫 53 岁，患有心脏病，在县城打零工，月收入 3000 元。大儿子 26 岁已成家，小儿子 21 岁在西安医科大学读本科，一年学费和生活费 3.5 万元。唐华芳家里看着很清贫，说是为了供孩子念书，他们的日子一直过得紧巴，但是当听到夸赞她儿子考上医科大学时，却能感受到她潮湿的眼睛里透出的幸福，她说："我不懂什么好大学啥的，我就想娃娃多读点书总是好的，所以为了娃娃，就这样凑合着过。"对于伍义波、唐华芳这样的农村家庭，积极的教育态度就决定了他们的贫穷是暂时的。就像走访唐华芳家时，旁边的邻居说："莫害怕，你们娃娃有出息，再有两年毕业当医生了，你们就等着享娃儿福了。"

三、学生进城还是教师下乡

在山区农村家庭普遍重视孩子教育，愿意支持孩子上学的当下，面对农村生源少、师资力量薄弱的窘境，究竟怎样才能更加适合山区教育事业的健康发展，是鼓励孩子进城，还是鼓励教师下乡？这是一个值得探究的问题。

如果孩子进城，在一定程度上能够改善其学习环境，提高教育质量，但前提是其父母必须有足够的经济实力。对于家中有老人需要照顾，又需要务农，经济收入来源少的贫困户而言，送孩子进城上学，尽管学校就读的费用几乎没有，但寄宿和租房陪读，县城的生活成本还是会让原本贫困的生活雪上加霜，贫困家庭的孩子是很难进城上学的。

如果教师下乡，首先，面对农村生源少的现状，如何保证各村学生能够就近入学，怎样合理扩充班容量、选择最佳位置建校，才能降低农民的经济成本、孩子的时间成本以及安全风险等问题。其次，面对很多人才向往大城市，不愿意到贫困地区受苦的心理，如何提升教师的待遇以及生活问题，让优秀的教师走进农村缓解城乡之间教育差距，因为现有的津贴标准、生活补助、住宿条件、激励机制并不健全，这些标准不能吸引教师致力于乡村教育。

四、教育扶贫是治穷之根本

山区教育的困境是经济社会发展综合作用的产物，注定了解决山区教育问题是个庞杂的系统工程，解决教育致贫需要考虑以下几点：

一是贫困学生进城。贫困地区的孩子教育，是根本的扶贫之策。一方面，成立特殊的学校，专门招收山区的贫困学生，为他们配备优质的教育资源，包括营养计划、师资力量、硬件设施等。另一方面，在先进学校增设针对山区学生录取免费插班生的名额，让优秀的山区学生得到良好的教育。

二是城乡老师结对子。组织城市学校与山区学校、优秀教师与山区班级"结对子"进行教育帮扶。通过城乡教师轮换，下乡支教，带职学习、培训等方式以达到对山区教育劣势的转化。优化远程教育平台，通过网络让大城市的专业教师在远端负责授课，让本地老师作为辅助在现场给孩子辅导，组织城市师生和志愿者到偏远学校开展互动，让山区学校师生不出校门就可以开阔眼界。

三是科学撤点就近并校。撤掉难以为继的教学点，依据学生数量和分布情况，就近并校，整合教育资源，多办几所规模较大、质量较高的住读小学。在学校的调整、选址、设置时，充分调研听取家长的意见，切实保障学生就近入学。同时利用村上原有的教学点全面建设村级幼儿园，让农村幼儿有机会在家门口上幼儿园，这样既提高了教学质量，又最大程度上减轻了家长的教育成本。

第八章

精神生活的贫乏

扶贫不光是喂饱肚子穿暖衣服，还要让贫困户能够获得基本的幸福感。物质扶贫要与精神扶贫相结合，山区贫困户才能真正融入社会走出贫困。一些物质并不贫困的家庭也各有各的苦衷，他们的幸福感甚至不如一些贫困户。有留守老人、留守儿童相依为命的无助之苦，有山区大龄青年找不上媳妇的难言之苦，有用山区挣来的钱接济城里儿女的父辈爱之苦。这些贫困之外的问题在山区农村不是单一孤立的，而是普遍存在的，如何在扶贫工作中融入精神方面的救济，是下一步扶贫工作中应当引起重视的内容。

一、父辈沉重的爱

筒车湾镇的老杨 56 岁，妻子 55 岁，大半辈子辛苦劳作，有一定的积蓄。儿子 25 岁，大学毕业后，通过事业单位招考到某镇政府上班，工资 4000 元。家里还有老杨 85 岁的父亲，退休工人，身体健朗，退休金 3000 元。家庭收入在农村算中上等水平。这对夫妻身上仍强烈保留着农民身上最质朴的勤劳和节俭，老杨每天天不亮就要起床到十几公里外的建筑工地当小工，一天酬劳 100 元，天黑才能回到家，从来不坐一元钱的公交车，一辆老式的二八自行车是他的交通工具。妻子由于每天要安顿老人饮食，兼顾家里的零活，就在离家几公里外的高速公路上扫地，一天上路扫两趟，一个月酬劳 600 元。老杨没有手机，外界联系他的唯一途径就是打他妻子的手机，用他妻子的话说："我本也莫打算用手机，平时又没啥子事，也莫人可打，但是我在高速公路上扫地，需要联系沟通，没有手机莫办法。"家里也没有洗衣机，所有衣服都是妻子手洗，冰冷的冬天也是如此。陕南的房屋没有炕，这里的人们冬天大多是靠空调和电暖器取暖，老杨家的取暖方式依旧是旧的瓷脸盆里放着炭火。老杨觉得干惯了闲不住，能多干点就多干点，能省下就省下，娃娃马上要在县城买房子娶媳妇，得给他多攒些钱。

筒车湾镇王其学，45 岁，一儿一女，儿子 24 岁，女儿 25 岁，都在外打工。妻子离世十几年，一个人将儿女拉扯长大。经常一个人坐在门墩上抽烟发呆，看电视觉得莫搞场。电视在自制电视柜里锁着，喝酒是他孤寂生活的唯一乐趣，每天一瓶白酒，白酒瓶子堆满了大半个屋子。聊起他40多岁为什么不再找个伴时，他轻叹一口气说："最初那会儿，两个娃娃年龄小，人家都觉得老火（负担重的意思），没有人愿意嫁过来。现在娃娃大了，又该给他们张罗结婚的事，等一结婚他们的娃儿又有了，就得给带孙子，凑合凑合我这辈子就过完了。"

像老杨夫妇和王其学这样的人，在农村较为普遍，孩子就是他们的命根子，为了孩子甘愿牺牲自我，过着十分清苦的生活。

二、留村娃娃想妈妈

胡玲，8岁，正读小学，她和76岁的爷爷住在一个刚刚修好的两层楼房里，孩子见到陌生人总是躲躲藏藏，听说可以带她去西安见爸爸妈妈，小姑娘听到后就不躲了，还说她一个人在新盖的房子里睡，只过了两个星期就不害怕了。她自己给自己画了张画，画的是她过生日的场景，说她8岁的生日真的过了！爷爷在旁边解释说："以前没过过生日，过8岁生日时，她爸在家修房子，三年没回来了，正好赶上娃娃生日，就给她过了一下。"小女孩开心地从抽屉取出爸爸给她买的日记本，上面写着这样一段话："星期六早上下着小雨，我和爷爷去垭口割草，我们每个人都背了很重的一筐草，爷爷背的特别多，只是下雨路又稀又滑，泥巴沾满了鞋，走一步粘一步，走得越远粘的越多，鞋子越来越重，爷爷的腰也越来越弯……"

胡玲和爷爷虽然住在村里少有的比较气派的二层小楼里，却让人有难以言说的心酸。马上踏入耄耋之年的爷爷，步履蹒跚，本应享天伦之乐，却依然要忙碌农活，照顾小孩。8岁的孩子一个人在农村的一幢空荡的房子里睡觉，8岁了才过第一次生日，8岁了见过父母的次数屈指可数，8岁就和爷爷一起干农活，8岁用自己的心已在感受这个世界的无奈与温暖。全县农村留守儿童和老人占村常住人口的60%，这一社会现象值得深入关注。

三、难结的姻缘

日子好了，真爱依旧难期。吴友才，43岁，单身汉，面容略显苍老，与80岁老母亲相依为命。问及老人目前生活还有什么困难时，老人摇头又点头地说："政策好，日子好过了，感谢政府。就是政府能再给我娃娃介绍个对象，我就不忧愁了。"据说，几年前，他家里穷得没有一件像样的家具，所在的北沟村山大沟深，外村的姑娘没有一个愿意嫁过来。这些年在政府的帮助下，吴友才和老母亲搬进了移民搬迁安置房，自己又开始积极发展产业，日子一天天好了，可是年龄也越来越大，而农村又普遍存在男多女少，婚姻问题更难解决。

山区的村子被大山包绕，交通不便，自然条件差，有个偏僻的山村四成的未婚男性娶不到媳妇，后来随着精准扶贫政策到户，产业发展的带动，很多单身汉甩掉了穷帽子，娶回了媳妇。但是，像吴友才这样一些年龄较大的单身汉错过了适婚期，结婚难就成了压在他们心里最重的石头。

四、祈盼生活更幸福

扶贫攻坚脱贫致富是一个方面，更深远的意义是要让他们从内心真正感到生活的幸福，这需要党和政府、社会和家庭各方面的不懈努力。

1. 凡为父母者，莫不爱子女

孩子不管多大，父母仍有不尽的操心。作为子女就要把自己的事情做好，把自己的生活过好，这样父母才能对其放心。农村孩子成人后有的通过求学在外地工作，有的为了致富外出打工。物质上给予父母的仅是生活水平的提高，对他们孤独生活的关心才是晚年最需要的，通过自己的行动，让父母的爱变得不再沉重，让父母和子女共享天伦之乐。

2. 关注乡村文化建设，使农民身有所栖心有所寄

大量青壮年外出打工，平日村上基本以老弱病残为主，每日的休闲活动基本就是看电视，而电视节目与他们的兴趣爱好是不匹配的，不少人家的电视机就是个摆设。不管是像王其学、老杨这种需要转变观念的村民，即让他们从儿女的世界里走出来的人，还是吴友才这种孑然一身的人，都需要丰富的文娱生活来充实他们的农闲时间。虽然解决婚姻问题不能在政策上搞"姻缘配"，但是有关部门可以对身处农村特别是偏远地区单身汉的婚姻问题多一些关爱，尽其所能为他们多搭建一些"鹊桥"，多组织一些相亲活动，为他们增加拥抱幸福感情生活的机遇。政府可有序引导乡村文化建设，农民自发组织成立乡村文艺队，使没落的民俗文化日渐兴盛、群众过去喜闻乐见的文娱活动逐渐回归。诸如春节、端午节、重阳节等各种节日，村党组织可以采用晚会、比赛等活动形式，鼓励村民积极参与，既使大家能感受到更浓的节味，又使大家在参与活动中充实快乐。同时，省市县定期组织开展文艺下乡、电影下乡、图书下乡等活动，使城市和农村同在一个精神世界，共享一样的生活理念。

3. 倾注对留守儿童的关爱

加强农村寄宿制学校的建设，选派有责任心、有爱心的教师当留守儿童的班主任，创造一个温暖的集体生活，给留守儿童以更多的关爱。社会应该营造"老吾老以及人之老，幼吾幼以及人之幼"的和谐氛围，不要让留守儿童看着在父母身边生活的孩子脸上的微笑而感到自卑和难过。对于长期外出务工的家长，要充分认识到亲情对孩子成长的重要性，而不是只在物质上满足孩子的需求。有条件的话尽可能将孩子带在身边教育，如果孩子在农村老家读书，要做到经常与老师沟通，了解孩子的日常表现，多与孩子电话或者视频交流，经常回家陪陪孩子，让他们从小感受到父母的爱。

4. 完善农村基础设施

山区县自然条件恶劣，交通不便，在很大程度上制约了经济发展。围绕"路、水、电、医、学"五个重点，改善农村生产生活条件，不断完善基础设施建设，提高农村自我发展能力，在此基础上大力搞活农村经济，让农民能就地务工，不用背井离乡脱离家庭也能生活富裕。宁陕县是陕西省的重点林区县，近年来，林业生态脱贫的"宁陕模式"已初步形成，农户都基本不同规模地种植有中药材、食用菌、板栗、核桃等，大多数村上也都有自己的合作社和产业园，将这些资源有效整合利用，吸引带动群众参与产业发展，促进农民增收。同时，利用宁陕县独特的区位优势，积极发展生态旅游产业，农户可以通过开办农家乐或销售土特产等途径增收，解决群众"留下来，能致富"的问题。

上坝河

第九章
海棠园村脱贫路径

一、海棠园村情

海棠园村位于宁陕县筒车湾镇，距县城 22 公里，坐落在秦岭中部高山小盆地，地形南低北高，海拔在 550~2015 米。全村面积 32 平方公里，有林地 42960 亩，其中，退耕还林 1580.5 亩，公益林 20885.2 亩，其他林地 20494.3 亩；耕地 1056 亩，其中，水田 358 亩，旱田 698 亩。地形以山地为主，林地及地表水资源丰富，年降雨量 900~1100 毫米，年平均日照 1630 小时，年平均气温 14℃，无霜期 230 天，年均相对湿度 79%，为"九山半水半分田"地貌特征。

海棠园村是一个典型的山区贫困村，全村辖 8 个村民小组，分别是小园组、瓦屋组、干柿桠组、麻阳坝组、白

海棠园村

家坝组、朱家沟组、白杨坪组、中坝组，共 288 户 908 人，劳动力 440 人，建档立卡贫困户 130 户 348 人，其中，低保户 13 户 35 人，五保户 37 户 39 人，残疾人 68 人；全村共有党员 56 人。2015 年全村经济总收入 927 万元，农民人均纯收入 5680 元，粮食总产量 596 吨，人均 500 千克。

二、基础设施建设

2014 年 10 月，在中共中央办公厅等扶贫单位的帮助下，投资 900 万元贯通了朱家沟村至海棠园村的公路，全线总长 10.8 公里，宽 5 米。投资 1000 万元，实施了麻阳坝、朱家沟、瓦屋孙家院子、冯家场 4 处安置点住房建设，解决了全村贫困群众住房，改善了生活条件。镇政府和县文广旅游局投资 300 万元实施特色民宿示范建设以及集中整治村环境卫生，150 户农户进行清柴堆、清粪堆、清垃圾堆，改厨、改厕、改圈，绿化、亮化、美化，每户补助 20 万元，改造陕南建筑风格的特色民宿 15 户。海棠园村基本普及自来水，安全卫生用水普及率、农电入户率、电话入户率、电视入户率、垃圾堆放处理率全部达到 100%，村庄院落绿化率达到 80%。

三、生态产业发展

在政府帮扶指导下，海棠园村紧紧围绕发展有机农产品、优质药菌果、高山乡村旅游，提升党建工作、连心工程，实现整体脱贫的目标。海棠园村种植水稻 250 亩，通过了食品有机认证，建立了中蜂养殖基地，合作社免费给贫困户发放蜂箱，提供养蜂技术指导。海滨公司等企业带领贫困户发展养鸡，提供养殖技术，并保底回购。政府提供了 5 万元 3 年免息免担保脱贫贷款和村级互助资金，解决了脱贫缺少资金的问题。通过举办技术培训、邀请农技人员上门服务等，解决脱贫缺技术的问题。通过探索"企业+农户+互联网"模式，解决产品卖不出去的问题。通过"一事一议"和"整村推进"政策，解决海棠园村基础设施配套落后问题。

2015 年，合作社有 38 户社员种植生态大米 102 亩，产量 14.5 吨，每亩稻田比以前增收 1052 元。有 3 户森林养殖土鸡 5000 余只，其中一户收入 10 万元。2016 年，合作社规模扩大到 181 户社员，种植有机水稻 421 亩，带动贫困户 74 户。合作社与宁陕县中庄文旅公司签订 100 吨有机大米包销合同，消除了农户发展产业的后顾之忧，同时发展养鸡大户 10 户，养殖土鸡 10000 余只。同时，对入社的社员收入保底，种植户因不可抗力导致绝收的每亩给予 1000 元补助。55 户贫困户贷款 208 万元发展特色产业，其中茯苓 23000 窝、天麻 25000 窝、猪苓 1400 窝、袋料食用菌 15000 袋、魔芋 100 亩、油用牡丹 50 亩、养鸡 4100 只、养猪 200 头、养羊 300 只。

贫困户汤友平，2016 年养了 888 只蛋鸡，一场鸡瘟让他损失近两万元。2017 年，政府和滨海公司发放免费鸡仔 500 只，90%为肉鸡，公司对鸡的饲养进行定期免疫和技术培训，并以肉鸡 30 元/千克和鸡蛋 1.5 元/枚回购。养鸡成本主要是饲料，汤友平在周边村子和集镇上以 2 元/千克收购 4000 千克玉米，2017 年养鸡纯收入 3 万元。贫困户张举海，缺钱缺技术，中蜂养殖专业合作社免费为其提供了 15 个蜂箱，并定期提供技术培训，1 个蜂箱产蜂蜜 10 千克，2016 年的收购价 70 元/千克，收入 1 万多元。

海棠园村 2017 年农业项目统计表

序号	贫困户姓名	人口	有机水稻（亩）	有机杂粮（亩）
1	匡自成	1	2	1
2	陈绪文	1	1	
3	康树友	4	3	1.5
4	熊玉兴	2	1	0.5
5	谭宏孝	5	2.7	1
6	甘立成	4	2	1
7	朱品才	3	1	1
8	熊文波	3	2.5	2
9	张祖茂	2	1	0.5
10	谭顺林	4	2	
11	张举海	5	2	
12	张顺奎	4	3	
13	马义明	3	1.2	
14	孙日军	4	2	
15	肖龙红	4	3	1
16	张勤东	3	1	
17	廖柏成	3	5.5	
18	张举学	5	3	
19	张举海	3	4.5	
20	王芳红	6	3	
21	孙先国	3	2	1

续表

序号	贫困户姓名	人口	有机水稻（亩）	有机杂粮（亩）
22	龚成华	4	2.6	
23	毕宗益	3	4.5	3
24	孙先恩	5		2
25	汤友平	4	4	
26	胡书明	3		2
27	高先锋	5		2
28	高先章	6		2
29	胡德明	1	1.6	
30	柯常平	4	1.6	

四、基层组织建设

2015 年 5 月，海棠园村和朱家沟村合并，成立了新的村党支部和村委会，村干部实现了老中青结构，整个班子团结能干，有很好的党建基础。

村两委班子团结务实，严格落实"三会一课"，严肃党组织生活。村级组织活动场所、服务设施等环境有所提升，党建氛围浓厚，海棠园村由全县党建后进村成为基层党建示范点，2016 年被评为省级优秀基层党支部。

村支部通过上微信党课、送学上门、寄学到人等方式，先从统一党员思想开始，激发群众内生动力。党员带头群众自力更生，义务投工投劳修建通组路，近百人奋战在陡峭的石壁上，锹挖锄刨、租用施工机械、集资购买爆破物资，用一年多时间修通了小园组 5 公里的通组公路，形成了当地人所共知的干部带头干、党员争着干、群众抢着干的"小园三干精神"。

附篇

山水林田湖草是生命共同体
心肺肝脏肾也是生命共同体
生态康育与生命康健
就是美与好的握手

第一章
陕西省林业对农民收入影响调查

　　2016 年 11 月，陕西省林业厅开展林业产业对农民收入影响调查工作。国家林业局西北林业调查规划设计院负责实地调查、数据统计、报告编制等。调查了林业产业结构、类型、规模、产值，统计了林业产业对农民人均可支配收入的贡献、对贫困人口人均可支配收入的贡献，以及贫困人口主要依靠林业产业脱贫户数等情况。

一、调查方法与内容

　　调查项目分卫星图摸底、专题图册制作、典型县调查、数据统计、报告编制等。
　　项目组对陕西林业产业类型、规模、分布等进行卫星图判读，并参考陕西省林地变更高空间分辨率卫星遥感数据，对全省干杂果、鲜果、木本油料、商品林、苗圃等产业的类型、规模、面积、分布等进行区划判读，形成全省林业产业分县卫星图数据。

典型调查、数据统计、报告编制组开展了典型县调查、数据汇总统计、报告编制等工作，对陕西林业产业与农民收入进行调查。

二、林业产业与收入

1. 林业产业规模

2015 年，全省林业产业总规模：干鲜果等面积 407.7 万公顷，林畜（禽、特）等 1937.4 万头（只），林菌（蜂）等 3500.7 万袋（箱）。林业总产量：干鲜果等 1220.7 万吨，商品材等 33.9 万立方米，大径竹 26.5 万亩和苗木花卉 5.6 万公顷，林业产业总产值 1041.6 亿元。

陕西林业产业现状统计表

（2015 年）

产业类型	规模				产量（出圈量）			产值（万元）
	面积(万公顷)		万头（只）	万箱（袋）	万吨	万立方米	万根(株)	
	总面积	盛产期面积						
干杂果	189.9	71.3			146.3			1812268.3
鲜果	97.2	45.7			1074.4			4971783.3
木本油料	13.4	3.3			8.2			181386.7
商品林 商品材	52.3	10.1				33.9		26022.8
商品林 大径竹							26.5	265.5
商品林 小径竹					0.4			429.3
商品林 其他（茶、银杏等）	34.1	16.2			27.9			840807.8
商品林 小计	86.4	26.3			28.3	33.9	26.5	867525.4
苗木花卉	5.6						340456.8	1154043.2
林下经济 小计	15.2		1937.4	3500.7				587738.7
合计	407.7	146.6	1937.4	3500.7	1257.2	33.9	340483.5	10416307.6

2. 林业产业农民收入

2015 年，陕西林业产业对农民人均可支配收入贡献 3318.8 元，林业产业收入占陕西农民人均可支配收入 8688.9 元（统计公报数据）的 38.2%。

陕西各市林业产业农民人均收入统计表

（2015 年）

统计单位	林业产业农民人均收入（元）	农村居民人均可支配收入（元）	林业产业农民人均收入占比
陕西省	3318.8	8689	38.2%
安康市	4895.2	7913	61.9%
宝鸡市	3314.0	9511	34.8%
韩城市	8500.0	11429	74.4%
汉中市	2703.7	8164	33.1%
商洛市	3757.2	7706	48.8%
铜川市	3551.9	8739	40.6%
渭南市	3105.6	8705	35.7%
西安市	2305.3	14072	16.4%
咸阳市	3247.6	9690	33.5%
延安市	4032.7	9789	41.2%
杨凌示范区	5714.0	13792	41.4%
榆林市	2817.0	9802	28.7%

三、林业产业扶贫贡献率

2015 年,陕西林业产业对贫困人口人均收入贡献 1287.5
元，占 2015 年陕西贫困人口人均可支配收入 2427.1 元的
53.1%。

2015 年，主要依靠林业产业脱贫户数 121161 户，脱贫
人数 374027 人。林业产业脱贫人数占 2015 年全省脱贫目
标 100 万人的 37.4%。

陕西各市林业产业扶贫贡献及脱贫户数和人数统计表

（2015 年）

统计单位	贫困户人均收入（元）	贫困户林业产业人均收入（元）	贫困户林业产业人均收入占比	林业产业脱贫户数	林业产业脱贫人数
陕西省	2427.1	1288.7	53.1%	121161	374027
安康市	2638.4	1410.3	53.5%	14054	40494
宝鸡市	2204.0	1210.6	54.9%	11853	36801
韩城市	2663.4	1800.0	67.6%	884	2920
汉中市	2565.6	894.6	34.9%	45537	138901
商洛市	1985.1	1642.3	82.7%	3599	10990
铜川市	2771.8	854.5	30.8%	377	1176
渭南市	2520.1	1975.3	78.4%	15190	53943
西安市	2657.0	809.2	30.5%	8348	27257

续表

统计单位	贫困户人均收入（元）	贫困户林业产业人均收入（元）	贫困户林业产业人均收入占比	林业产业脱贫户数	林业产业脱贫人数
咸阳市	2420.3	1726.2	71.3%	6087	20027
延安市	2789.7	1762.5	63.2%	2117	4018
杨凌区	6958.0	1210.0	17.4%	123	487
榆林市	2482.1	724.4	29.2%	12992	37013

第二章

陕西省森林资源价值调查

2013 年 1 月，陕西省林业厅在北京召开论证会，由国务院参事室、财政部、国家林业局、中国农科院、北京林业大学、中国林科院及中国资产评估协会有关专家对陕西省森林资源价值评估报告进行论证。

一、评估背景

陕西省实施了天然林资源保护、退耕还林、三北防护林、防沙治沙、野生动植物保护及自然保护区建设、绿色家园建设、重点区域绿化、千里绿色长廊、干杂果经济林等一批林业重点生态工程，累计完成营造林 8096 万亩，义务植树 10.4 亿株，森林资源得到有效保护，生态建设成效显著，林业产业快速发展。全省森林覆盖率由 1999 年的

32.55%提高到 2012 年的 42.91%，森林蓄积由 3.34 亿立方米提高到 4.48 亿立方米，自然保护区面积占国土面积的 5.1%，49%的自然湿地得到有效保护，沙化土地面积由 2182 万亩减少到 2120 万亩，流动沙地由 249.7 万亩减少到 50 万亩，绿色版图向北推进了 400 公里，生态环境实现了由"总体恶化，局部好转"向"总体好转，局部良性循环"的历史性转变。林业的快速发展极大地改善了全省生态环境，为陕西经济发展、社会进步和民生改善做出了不可替代的重大贡献。

陕西生态建设取得的成就，长期以来主要是定性描述，定量分析很少，特别是森林资产价值定量分析更少。陕西省森林资产、生态产品价值总量有多少，在国民经济和社会发展中的地位，在碳汇和减缓气候变暖方面发挥了多大作用，生态资产是否适应经济社会发展需要，社会公众及决策部门没有一个量化和直观的认识。为了科学、客观、全面地评价森林资源状况，陕西省林业厅组织北京中林生态价值评估中心、中国林业科学研究院、国家林业局调查规划设计院，从事森林资产评估和生态基础及其价值评估理论研究的专家，对陕西省林业用地从森林资源资产、森林物质产品和森林生态服务价值方面进行了评估。

二、评估体系

　　本次评估分 4 个年份和 4 个区域尺度，评估了 1999 年、2004 年、2009 年和 2012 年 4 个年份的各种森林资产的存量及其变化，同时也评估了这 4 个年份的森林物质产品和生态服务价值，并对其变化动态进行分析。

　　在空间层面上，除将全省作为一个整体进行评估，还分别评估了陕北地区（延安市和榆林市）、关中地区（西安市、咸阳市、宝鸡市、铜川市和渭南市）、陕南地区（汉中市、商洛市和安康市），评估了各区域在不同年份的森林资产价值，以及该年的森林物质产品与服务价值，分析了陕西省森林资产价值及物质产品和生态服务价值的空间分布。

陕西省地形图　　　　　　本项目空间维度

三、评估结果

2012 年，陕西省森林资源资产总价值 46886.02 亿元，其中林地资产 9292.16 亿元，占 19.82%；林木资产（包括林木、立竹、灌木、经济林资产）5526.24 亿元，占 11.79%；生态资产 27368.62 亿元，占 58.37%；文化资产（古树名木）4699 亿元，占 10.02%。人均拥有森林财富 12.47 万元。

2012 年，陕西省森林物质产品总价值 1158.04 亿元，其中林木和立竹产品价值 167.95 亿元，占 14.50%；经济林产品价值为 779.53 亿元，占 67.31%；灌木林产品价值为 37.13 亿元，占 3.21%；其他非木林产品的价值为 173.43 亿元，占 14.98%。

2012 年，陕西省森林生态服务价值 4394.96 亿元，其中涵养水源价值 1741.02 亿元，占 39.61%；保育土壤价值 537.13 亿元，占 12.22%；防风固沙价值 123.38 亿元，占 2.81%；农田防护价值 24.51 亿元，占 0.56%；固碳服务价值 103.99 亿元，占 2.37%；改善环境质量价值 851.38 亿元，占 19.37%；维持生物多样性价值 1008.72 亿元，占 22.95%；园区景观游憩价值 4.82 亿元，占 0.11%。

陕西省森林资源资产价值汇总表

单位：万公顷、万立方米、万吨碳、亿元

资产类别		1999 年		2004 年		2009 年		2012 年	
		实物量	价值	实物量	价值	实物量	价值	实物量	价值
生产资产	林地资产	1,066.04	6,293.31	1,227.56	7,947.80	1,228.46	8,545.88	1,232.28	9,292.16
	立木（竹）资产	33,422.52	2,997.90	36,144.16	3,205.09	42,416.05	3,701.97	44,805.68	3,845.03
	经济林资产	124.10	1,356.59	96.93	1,059.58	127.31	1,391.68	119.92	1,405.02
	灌木林资产	146.17	173.98	204.07	242.90	192.24	228.82	232.04	276.19
	小计		4,528.48		4,507.57		5,322.47		5,526.24
生态资产	碳资产	53,404.52	6,407.90	57,664.30	6,919.02	65,553.62	7,865.65	71,394.15	8,566.44
	土壤养分资产		13,833.89		15,075.66		16,888.34		18,676.40
	园区景观资产		9.36		26.56		64.13		125.78
	小计		20,251.15		22,021.25		24,818.11		27,368.62
文化资产			4,699.00		4,699.00		4,699.00		4,699.00
合计			35,771.94		39,175.63		43,385.46		46,886.02

陕西省森林生态服务价值汇总

单位：万公顷、万立方米、万吨碳、亿元

资产类别		1999 年		2004 年		2009 年		2012 年	
		实物量	价值	实物量	价值	实物量	价值	实物量	价值
涵养水源	调节水量	1,547,401.98	945.46	1,716,817.72	1048.98	1,931,951.13	1,180.42	2,123,196.21	1,297.27
	净化水质	1,547,401.98	323.41	1,716,817.72	358.81	1,931,951.13	403.78	2,123,196.21	443.75
	小计		1268.87		1,407.79		1,584.20		1,741.02
保育土壤	固土	17,254.63	18.99	20,271.32	21.74	23,036.38	24.74	25,500.18	24.65
	保肥		360.87		406.73		465.42		512.48
	合计		379.86		428.46		490.17		537.13
防风固沙			55.99		88.55		104.78		123.38
农田防护			12.60		19.25		22.87		24.51
碳汇服务		2,392.03	78.28	2,635.44	86.25	3,038.33	99.44	3,177.88	103.99
		652.37	0.00	718.76	0.00	828.64	0.00	866.61	

单位：万公顷、万立方米、万吨碳、亿元

续表

资产类别		1999 年		2004 年		2009 年		2012 年	
		实物量	价值	实物量	价值	实物量	价值	实物量	价值
改善环境质量	释氧	1,746.33	174.63	1,924.03	192.40	2,218.17	221.82	2,272.70	227.27
	产生负离子		339.50		349.20		392.19		450.78
	减少污染物		28.35		29.76		34.26		37.79
	调节温度		102.49		107.56		124.18		135.53
	小计		644.79		678.92		772.45		851.38
维持生物多样性			544.52		827.93		944.63		1,008.72
园区景观游憩			0.36		1.02		2.46		4.82
合计			2985.46		3,538.17		4,020.99		4,394.96

陕西省森林物质产品价值汇总表

	1999 年		2004 年		2009 年		2012 年	
	实物量	价值	实物量	价值	实物量	价值	实物量	价值
立木产品	1,473.93	125.28	1,593.96	135.49	1,870.55	159.00	1,975.93	167.95
经济林产品	498.92	358.15	743.65	528.13	867.61	626.19	1,023.14	779.53
灌木林产品	1,169.36	23.39	1,632.56	32.65	1,537.92	30.76	1,856.34	37.13
其他非木产品		19.90		57.77		148.17		173.43
合计		526.71		754.04		964.11		1,158.04

遥感数据反映了陕西省森林植被增加对气溶胶（主要是 PM2.5）的消减效果，由图可以看出，10 年前陕西省上空的气溶胶很严重，2009 年时主要是西安上空比较严重。植被尤其是森林植被降低大气气溶胶浓度的机理，主要是封闭地面扬尘和滞尘，海量树木枝叶吸附流动到林区的空气中的微尘，以及林区湿度较高有利于微尘凝结沉降。

四、数据分析

2012 年与 1999 年相比，陕西省森林资源及其价值变化如下：

据陕西省气象局遥感数据和影像反映，陕西省森林不同
年份的植物生长量和温度分布情况如下图所示。

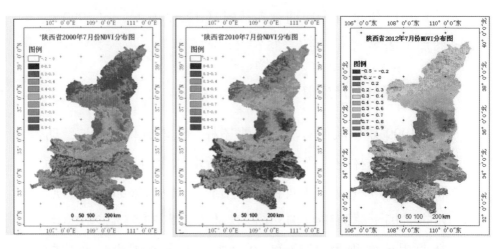

陕西省2000年、2010年和2012年归一化植被指数分布对比

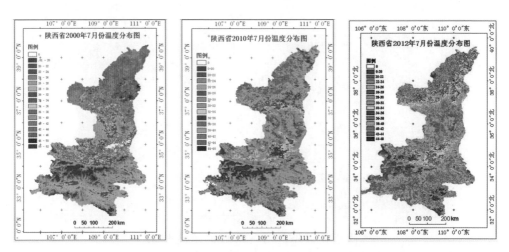

陕西省2000年、2010年和2012年温度分布图

1. 人均拥有森林财富

2012 年全省人均拥有森林财富 12.47 万元，比 1999 年增加了 2.54 万元，提高 25.63%。

2. 森林资产价值分析

1999 年，陕西省实施退耕还林、天然林保护、三北防护林四期等林业生态建设工程，新增林业用地和有林地面积较大。1999 年，陕西省林业用地面积为 1066.04 万公顷，占全省国土总面积的 51.76%，森林覆盖率 32.55%；2012 年，林业用地面积为 1232.28 万公顷，占全省国土总面积的

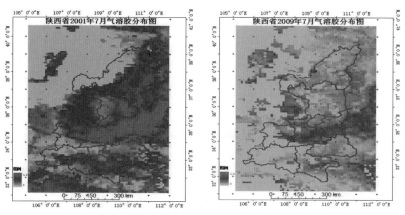

陕西省植被增加对气溶胶的消减作用

59.83%，森林覆盖率为 42.91%，林业用地面积增加 166.24 万公顷，提高 15.59%；有林地面积增加 143.85 万公顷，提高 22.59%；森林面积增加 213.50 万公顷，提高 31.84%，森林覆盖率增加 10.36%。

1998 年，陕西省全面停止天然林商品性采伐，森林得到休养生息，实现了森林蓄积、森林覆盖率和单位面积蓄积的持续较大的提高。1999 年到 2012 年间，陕西省有林地平均单位面积蓄积呈现出一个先降后升的变化，与林业生态工程建设的情况一致。1999 年，全省有林地活立木蓄积为 30884.51 万立方米，平均单位公顷蓄积为 60.73 立方米；2012 年，全省有林地活立木蓄积增加到 42437.46 万立方米，增加 11552.95 万立方米，提高 37.41%，平均单位公顷蓄积为 64.32 立方米，有林地平均单位面积蓄积增长 3.59 立方米/公顷，全省活立木总蓄积由 33422.52 万立方米增加到 44805.68 万立方米，增加 11383.16 万立方米，提高 34.06%。

3. 物质产品与生态价值分析

1999 年，森林资产总价值 35771.94 亿元，2012 年增加到 46886.02 亿元，增加 11114.08 亿元，提高 31.07%，平均每年增加 854.93 亿元。生态资产价值增加 997.77 亿元，提高 22.03%，所占总资产比例下降 0.87%，平均每年增加 76.75

亿元；生态资产价值增加 7117.47 亿元，提高 35.15%，所占总资产比例提高 1.76%，平均每年增加 547.50 亿元。2012年，在陕西省黄帝陵、华山、华清池三大旅游景区的品牌价值中，森林分摊价值为 131.26 亿元，为保证可比性统计中未包括品牌价值。包含三大景区品牌价值，2012 年森林文化资产价值为 4830.26 亿元，森林资产价值合计为 47017.28 亿元。

1999 年，陕西省森林物质产品与生态服务总价值为 3512.17 亿元，其中森林物质产品价值 526.71 亿元，占 15.0%，生态服务价值 2985.46 亿元，占 85.0%，生态服务价值为物质产品价值的 5.67 倍；2012 年，陕西省森林物质产品与生态服务总价值 5553 亿元，其中森林物质产品价值 1158.04 亿元，占 20%，生态服务价值 4394.96 亿元，占 79.15%，生态服务价值为物质产品价值的 3.8 倍。

1999—2012 年森林物质产品与生态服务总价值增加 2040.83 亿元/年，其中物质产品价值增加 631.33 亿元/年，提高 119.86%，生态服务价值增加 1409.50 亿元/年，提高 47.21%。单位林业用地物质产品价值平均 0.94 万元/公顷，比 1999 年增加 0.45 万元/公顷，提高 90.20%；单位林业用地生态服务价值平均 3.57 万元/公顷，比 1999 年增加 0.77 万元/公顷，提高 27.35%。在森林物质产品与生态服务价值稳步提高的同时，物质产品价值所占比例有所提高，表明

生态环境改善的同时提高了森林物质产品生产水平，生态
效益和经济效益同时得到提高。

4. 分区域价值分析

评价结果显示，陕北、陕南、关中三个区域的森林资
产价值均呈现上升趋势。2012 年与 1999 年相比较，各区域
森林资产价值在全省森林资产总价值中所占比例略有变化，
其中生态环境较差的陕北地区所占比例略有提高，各区域
的森林物质产品和生态服务价值均呈现上升趋势。

2012 年与 1999 年相比较，各区域森林物质产品与生态
服务的价值在全省所占比例略有变化，其中陕北、关中地
区所占比例有所提高，尤其是陕北地区提高 4.01%，如果仅
比较生态服务价值则提高 5.57%。就物质产品价值而言，陕
南的物质产品价值在全省所占比例提高 4.20%。

2012 年与 1999 年相比，各区域的物质产品、生态服务
价值均有较大幅度提高，其中陕北地区生态服务价值提高
幅度高达 84.64%，陕南地区物质产品价值提高幅度高达
160.17%，物质产品和生态服务综合价值增长率较高的是陕
北，达到 86.76%。

五、总体评价

1. 森林资源大幅度增加

以上评估结果说明，经过 13 年的林业建设，陕西省森林资源从数量上有较大增长，但质量上还有待于提高。1999—2012 年，陕西省林业用地面积、有林地面积、森林面积、森林覆盖率、立木蓄积都呈现上升趋势，林业用地面积得到了较大的扩张，有林地面积在 2004 年后有一个明显的上升变化。

森林类型发生了明显变化，2009 年前用材林面积大幅下降，2009 年后又有所增长；2009 年前防护林面积大幅上升，2009 年后又稍有下降。这些变化体现了陕西省林业行业对森林经营目标的反思，从过度追求经济目标到过度追求生态目标，再到追求经济与生态目标的协调发展，顺应了发展绿色经济的潮流。

运用卫星遥感对陕西省植被覆盖状况进行了验证，陕西省的黄土裸露面积显著萎缩，而绿色面积显著扩大，也印证了陕西省森林植被的巨大扩展。

2. 对环境的贡献大

2012 年，全省 GDP 为 14500 亿元，森林产品价值相当于全省 GDP 的 7.99%，森林生态服务价值相当于全省 GDP 的 30.31%，两者合计相当于全省 GDP 的 38.30%。

全省森林固定温室气体二氧化碳量，由 1999 年的 19.58 亿吨（折合 5.34 亿吨碳），增加到 2012 年的 26.18 亿吨（折合 7.14 亿吨碳），增加 6.60 亿吨（折合 1.8 亿吨碳），资产价值增加 2158.54 亿元。森林碳吸收由 1999 年的 2392.03 万吨二氧化碳/年（652.37 万吨碳/年），增加到 2012 年的 3177.88 万吨二氧化碳/年（866.61 万吨碳/年），森林碳吸收增加 785.85 万吨二氧化碳（214.24 万吨碳/年），年固碳服务价值增加 25.71 亿元。

全省森林生态服务中有 25.3% 为全球受益，39.6% 为西部地区和全国受益，有约 35.1% 为陕西省当地受益。2010 年，陕西省二氧化碳排放总量约为 23469.91 万吨（6400.83 万吨碳）；2012 年，全省森林吸收二氧化碳 3177.88 万吨（866.61 万吨碳），相当于 2010 年全省碳排放量的 13.54%。

第三章
山水林田湖草生态功能缩影

一、海棠园村生态功能评估

海棠园村地处偏隅，四季风光旖旎，群山连绵起伏，森林茂密，有一泓小湖水。依照《森林生态系统服务功能评估规范》（LY/T 1721—2008），对 2016 年海棠园村森林生态功能估算结果如下表：

海棠园村森林生态系统服务功能评估汇总表

项目	分类	单位	实物量	价值量（万元/年）	比例（%）
涵养水源	调节水量	万立方米/年	253.82	1551	15.20
	净化水质	万立方米/年	253.82	530	5.20

续表

项目	分类		单位	实物量	价值量 （万元/年）	比例 （%）
涵养水源	价值合计				2081	20.40
保育土壤	固土		万吨/年	12.31	119	1.17
	保肥		万吨/年	0.39	2129	20.87
	价值合计				2249	22.04
固碳释氧	固碳		万吨/年	0.93	1115	10.93
	释氧		万吨/年	2.49	2488	24.38
	价值合计				3603	35.31
积累营养物质	林木营养积累		万吨/年	0.06	856	8.39
净化大气环境		提供负离子	×10^{22} 个/年	1.531	4	0.04
	吸收污染物	吸收二氧化硫	吨/年	37	4	0.04
		吸收氟化物	吨/年	3	0.19	0.002
		吸收氮氧化物	吨/年	17	1	0.01
		吸收重金属	吨/年	0.38	1	0.01
	降低噪声				93	0.91
	滞尘		吨/年	604	91	0.89
	价值合计				194	1.91
森林防护	森林防护		万吨/年	1.99	262	2.57
生物多样性保护	物种保育				958	9.39
森林游憩	森林游憩				0	0.00
总价值					10203	100

海棠园村

人工小湖

海棠园村土地类面积表

单位：公顷

村	总计	林地	有林地	疏林地	灌木林地	其他林地	非林地	森林覆盖率（%）
海棠园村	3157.1	2974.37	2805.92	65.62	15.09	87.74	182.73	88.88

二、八亩村生态功能评估

八亩村森林生态系统服务功能评估汇总表

项目	分类	单位	实物量	价值量（万元/年）	比例（%）
涵养水源	调节水量	万立方米/年	135.53	828	14.57
	净化水质	万立方米/年	135.53	283	4.98
	价值合计			1111	19.56
保育土壤	固 土	万吨/年	6.91	67	1.18
	保 肥	万吨/年	0.22	1204	21.19
	价值合计			1271	22.37
固碳释氧	固 碳	万吨/年	0.53	630	11.09
	释 氧	万吨/年	1.41	1406	24.75
	价值合计			2037	35.84

续表

项目	分类		单位	实物量	价值量	比例
					（万元/年）	（%）
积累营养物质	林木营养积累		万吨/年	0.03	484	8.52
净化大气环境		提供负离子	×10²² 个/年	0.860	2	0.04
	吸收污染物	吸收二氧化硫	吨/年	20	2	0.04
		吸收氟化物	吨/年	1	0.10	0.002
		吸收氮氧化物	吨/年	9	1	0.01
		吸收重金属	吨/年	0.21	1	0.01
	降低噪声				52	0.92
	滞尘		吨/年	335	50	0.89
	价值合计				108	1.90
森林防护	森林防护		万吨/年	1131.67	146	2.56
生物多样性保护	物种保育				526	9.25
森林游憩	森林游憩				0	0.00
总价值					5683	100

三、山水林田湖草生命共同体

　　涵养水源指森林对降水的截留、吸收和贮存，将地表水转为地表径流或地下水的作用。森林涵养水源功能主要表现为截留降水、涵蓄土壤水分、补充地下水、抑制蒸发、调节河川流量、缓和地表径流、改善水质和调节水温变化

八亩村鸟瞰图

等。森林凭借其庞大的林冠、厚厚的枯枝落叶、林下灌草层和发达的根系，能够起到良好的蓄水和净水作用，对降水充分蓄积和重新分配，增加水资源的有效利用率。

整个环境之中，人与自然乃至所有生命之间，都是命运攸关的共同体。海棠园村耕地1056亩，其中水田300亩，按照水田每亩年需用水230立方米，旱地每亩年需用水72立方米计算，每年田地需水12.3万立方米。海棠园村现有人口288户908人，按每人每天2千克计算，每年全村人

221

口需 663 立方米水。

　　有了山，有了水，有了森林，也就有了海棠园千亩良田，一方水土养育一方人，同时惠及下游的人们。2017 年 5 月，海棠园村空气质量检测结果，负氧离子 1510 个/立方厘米、PM2.5 值 14 微米/立方米，未测到 SO_2。

海棠园村

第四章
陕北西苏家河村林业脱贫调查

2016 年，西苏家河村贫困户年人均纯收入 3670 元，比两年前的 2340 元增收 1330 元，成为延长县首批整村脱贫村子之一。

一、西苏家河村情

西苏家河村位于延长县交口镇以西 41 千米处，共 113 户 408 人，常住 78 户 166 人，其中 60 岁以上 36 人（男 26 人、女 10 人），40 岁至 60 岁 83 人（男 40 人、女 43 人），40 岁以下的人都外出打工或上学。劳力中有一技之长的 9 人，其中石匠 3 人、砖工和电焊工各 2 人、粉刷工和司机各 1 人。享受农村低保 21 户 25 人，残疾人 6 人。参加合作医疗 245 人，参合率 100%，参加农村养老保险 139 人，参

村民家调研

保率 87.3%。

村里有党员 23 人，全为男性；60 岁以上 9 人，35 岁以下 6 人，平均年龄 52 岁，流动党员 8 人；本科以上文化程度 3 人，中专 1 人，初中以下 19 人。党教室是村支部村委会和党员活动的场所。

全村耕地面积 2358 亩，退耕还林地 953 亩，果园 340 亩。塬地种植苹果，坝地种植玉米、土豆、红薯和时令蔬菜。牛存栏 20 头，猪存栏 95 头。2011 年，自来水通到农户窑洞里，但村民们依旧习惯把水瓮盛满水，然后再从水瓮里取水洗衣做饭，家庭用水 1~1.5 立方米/月，水价 7 元/立方米。用电以照明为主，还有电视、洗衣机、冰箱、电磁灶等电器，家庭用电 20~30 度/月，生活用电费 0.49 元/度。村里通往县城的柏油路宽 6 米，2014 年省林业厅为每户铺设了入户砖路。

村民用山里捡回来的果树等干枝做饭烧水，条件好的少数人家烧煤，冬季取暖用火炉子，2016 年煤炭价格 500 元/吨，一户一个冬季烧炭取暖花费 300 元。村里马路旁边有 4 个垃圾台，距离远的家户在自家门前挖土坑燃烧垃圾，镇政府雇人一周打扫一次，月工资 600 元。每个自然村有一个旱公厕，一年清理两次，清扫费 480 元，年底由镇政府报销。

二、村民生活状况

1. 村民生活

居住在村里的村民年龄多为 50 岁以上，石（砖）窑 192 孔、土窑 2 孔，砖房 6 间。窑洞一般深 8 米，宽 3.3 米，靠山建的窑洞冬暖夏凉。村里 10 户家庭有 6 万~7 万元的私家车，23 户家庭有摩托车，价格 3000~4000 元/辆，3 户购买了农用三轮车。村民穿的衣服大多是子女买的，或者是亲戚给的旧衣服。高成俊说他一年买一双军用胶鞋用来干活，再买一双休闲布鞋去城里办事穿，花费 70 多元。

村民一日三餐以面食为主，早饭以馒头和小米稀饭或面条为主，中午饭以面食或洋芋擦擦为主，晚饭以稀饭和腌制咸菜为主。"农村人的饭不是馍馍就是面，一天三顿换着吃"，自种自食的蔬菜有蘑菇、豆角、西红柿、辣椒、萝卜、白菜、瓜类等。

2. 贫困户状况

西苏家河村有贫困户 29 户，大多从事耕地务作或外出打工。致贫原因有因病残、上学、缺资金、缺技术 4 种类型。

因残致贫 6 户。如孙茂文，61 岁，患有严重的青光眼，视力和听力二级残疾，妻子田彦娥 57 岁，两三岁时得了小儿麻痹症，50 多年来一直拄拐行走，肢体三级残疾。生活来源是养鸡 60 只，母猪 3 头，苹果园 5 亩，玉米 3 亩，低保金 215 元/月，残疾人补贴金两人各 60 元/月，退耕还林补贴 540 元/年。孙茂万，57 岁，肢体四级残疾，种蘑菇4000 棒，养鸡 80 只，养猪 2 头，苹果园 3 亩，玉米 1.5 亩，退耕还林补贴 540 元/年。

因病致贫 12 户。如孙茂富，64 岁，患有冠心病、脑梗，不能干重体力活，妻子郭延梅 60 岁，患有高血压，药费 150元/月。生活收入靠种香菇 1000 棒，养鸡 50 只，养牛 2 头，养猪 2 头，苹果园 5 亩，玉米 3.5 亩，退耕还林补贴 540 元/年。艾香，81 岁，患有心脏病，药费 50 元/月，低保 215 元/月，高龄补贴 100 元/月，退耕还林补贴 720 元/年。

因孩子上学致贫 9 户。如孙光林，54 岁，妻子董养珍 50 岁，3 个儿子已学校毕业，但因孩子上学欠债较多，靠外出务工挣钱，由于没有技术，收入只有 1800 元/月。妻子养猪 2 头，苹果园 5 亩，玉米 5 亩，退耕还林补贴 1620 元/年。王伟，41 岁，身体状况欠佳，儿子读初中，每月生活费和补课费 400 元，女儿读小学，每月生活费用 80 元。收入依靠他外出务工 2600 元/月，养鸡 50 只，养猪 2 头，苹果园 10 亩，玉米 1 亩，退耕还林补贴 540 元/年。

有些贫困户致贫原因是多方面的，如王西文，46 岁，妻子 44 岁，病重。育有 4 个女儿，老二出嫁，老大读大专，老三读初中，老四读小学。妻子每月药费 700~800 元，三个孩子上学每月花费 1200 元。家里养鸡 20 只，养猪 10 头，养牛 4 头，苹果园 5 亩，玉米 4 亩，残疾人补贴 60 元/月，退耕还林补贴 1350 元/年。几年前生活举步维艰，4 个孩子尚小需要照顾，妻子病重需要花钱，还需要人整天照顾，住院 4 个月他陪了 4 个月，他说："我也差点被折磨成了精神病。"他家生活负担仍然很重，王西文说："现在的生活状态，我已经很满意了，至少婆姨的病情目前稳定着，娃娃们也一天天长大，国家的扶贫政策又很好。"

三、产业与脱贫项目

2016 年，帮扶团确定开展基础设施建设，省林业厅投资了 100 万元。西苏家河村夏雨集中，多雷阵雨与冰雹，2016 年夏下过三次冰雹，苹果几乎全部受灾，故建设苹果防雹网 190 亩。为有效解决贫困户果业生产缺水问题，保证果园施肥打药的水源，建设集水窖 124 口。为了解决村民生活和果园生产道路、防火道路及道路绿化等问题，修建 4 条上山生产道路，维修路基边沟 3.3 公里，拓宽维修防火通道 11 公里，硬化村内巷道 7.1 公里。国家林业局西北院投资 5 万元修建过水桥，延安电信分公司出资 4.5 万元解

调研产业发展情况

决通信问题，省森林资源管理局和省林业规划院各出资 5 万元，维修西苏家河村委会等。

村庄绿化工程。西苏家河村、兰街村等 5 个自然村绿化总面积 12630 平方米。村庄周围郁郁葱葱，村容村貌焕然一新。村民说："以前这河道里，到处是垃圾和死鸡死狗，一到夏天臭气熏天，现在好了，全收拾干净，还栽上了树，我们农民住的地方也干净美化了。"村民刘随珍说："我们村的变化可大呢，家家户户门外的路硬化了，村里有了路灯，建了垃圾台和 4 个公厕，平整了土地，修了生产路，补修了坝，修建了水窖，我们能想到的和没有想到的，干部们都帮我们实现了。"

文化广场是每天早晚村民聚集的地方，广场有体育器材、党教室、路灯、垃圾台、公厕等。"以前一刮风下雨电视就没有信号，就能看几个台，还老卡得不行，现在能收到好几十个台。住在小山沟里，国家大事也全知道啦！"村民孙茂宗盼了多年的有线电视，在驻村干部的努力下进家了。站在西苏家河村的最高处，望着在建的果园防雹网、集水窖项目，村支书冯光清说："这些基础设施作用大得很呢，避免了果园受冰雹灾害影响，解决了果园的施肥打药浇水问题，果树生长、灾害问题解决了，稳产高产就不用愁了，我们农民收入自然就提高了。"

西苏家河村山高沟深，土地多为坡地和川坝地，大多数贫困户都是老弱病残，劳动能力弱，包扶工作队与村民反复沟通讨论，确定了短期发展对技术和劳动力要求不高、占地少投资小、周期短见效快的食用菌和养鸡产业，长远发展苹果产业的规划。两年来，给贫困户发放袋料 9 万袋，建拱棚 36 座，提供鸡苗 4500 只。

1. "家有果园三亩，等于抱个金元宝"，红富士、嘎啦优多栽植在塬上，日照充足，昼夜温差大，糖类大量累积，产量高品质好。直径 70 毫米以上的价格 4~8 元/千克，现有苹果面积 340 亩，其中贫困户户均 3 亩，挂果后产量 1500 千克/亩，户均收入达 20000 元。

果园管理周期同生长周期一致，工序复杂，是牵制劳动力最大的产业：

每年 12 月到次年 2 月为苹果休眠期，消灭病虫，涂白防冻，冬季修剪，对大的修剪创面用"果友皮腐康"涂抹保护。3 月是萌芽期，修剪和拉枝形成开张树势，增加短枝、减少冒条，喷药施肥，覆草或覆膜保水保墒。

4 月到 5 月为花期、坐果期，确定留果量，疏花疏果，喷洒果药和膨果药。郭军平家 15 亩果园，请帮工 3 个，自己家 3 人，10 天套袋 7 万袋，帮工工资 130 元/天，1 箱套袋 3000 个价格 135 元。

6 月到 8 月是果实膨大期，控制营养生长，促进花芽分化。夏管措施有疏枝、环割、扭梢、拿枝软化、摘心去叶、幼树拉枝等。

9月为苹果着色期，喷药防虫病害，施肥补充营养。

10月为采收期，摘除套袋，增加下层果着色，15天后采摘。

11月是落叶期，防治腐烂病，清理果园。

2. 黄土高原种香菇是一件新鲜事，黄土高原早晚温差大，易形成花菇，当地大量的苹果枝丫材又是蘑菇袋料的上等原料。包扶队首先选派6名贫困户代表，赴位于陕南洋县的省林业厅直属的长青林业局，用8天时间免费培训学习，现场观摩学习香菇种植技术。省长青林业局食用菌厂为贫困户免费建大棚，每年给每家免费发放1000~2000个

村民家座谈

菌棒,村民负责生产,卫东食用菌有限公司按照市场价收购。

2014年以来,食用菌扶贫项目带动了贫困户脱贫,村支书说:"省林业厅干部多次到村里座谈调研,投入了78万元,用于扶持贫困户食用菌产业。"孙茂万30多年前给生产队轧棉花时不慎被轧辊压了手,左手失去了四指,四级残疾,重体力活干不了,日子紧巴巴,想种植香菇却苦于没有技术。培训后成为西苏家河村种植高原香菇第一人,在外务工的儿子孙光龙返回村里发展种养业,种植2000根菌棒,一棚香菇、一棚平菇,5个月挣了13000元。孙茂万高兴地说:"养鸡、种蘑菇不需要多少体力,连婆姨都能弄!"孙茂万算了一笔账:"林业厅免费将每根7元的香菇菌棒送到我们手上,每年每根香菇菌棒平均能收2.5斤左右,拉平市场淡旺季,1斤均价卖6元左右,算起来1根菌棒就能收益15元,现在我们村搞香菇的户均900根香菇棒,算起来每户就一万多块钱了,加上养鸡的收入,不用出门就把钱挣了。"在省林业厅召开的座谈会上孙茂富说:"香菇种植好上手,好出手,利润高,对我来说这个技能很实用,也适合我。"2015年,第一批发展香菇和养鸡的贫困户都赚了钱,其他的贫困户争相发展种养业。

2016年,党员苏延利一次种植3000多根菌棒,收入36000多元。贫困户段秀梅说:"看到别人在几个月收入那么多钱,真后悔当初没有早参与,虽然现在我也种植了2000

根菌棒，可是收入比人家少了，但也有 5000 多元。"2017 年 6~7 月，驻村队为种植户翻修了菌棚，更新了草帘、遮阳网、微喷洒水设备等设施，西苏家河村种植蘑菇达 44 户，其中贫困户 22 户，每户增收 5000 余元。

3. 每户散养鸡少则三五只，多则二三十只，市场很畅销，省林业厅为每户贫困户提供 50 只鸡苗，免费建设鸡舍，提供技术服务，联系二海家禽养殖专业合作社帮助村民销售产品。田彦娥说，她养了 50 只鸡，刨除鸡饲料钱，一只鸡一年的纯利润就是 100 元，一年光养鸡就挣了 5000 元钱。孙茂文附和说："我是白内障，她有偏瘫右腿残疾，之前的年头都是靠兄弟姊妹接济，日子过得很紧张，以为这辈子就穷下去了，没想到养鸡可以赚钱！我们打心里感谢好政策。现在养鸡有信心了，我们又试着养猪！" 2016 年，全村养鸡户达到 90 户，其中贫困户 42 户。贫困户孙茂真家的 50 只鸡，产蛋 3000 枚，鸡蛋价格 1.5 元/枚，自己养鸡的成本就是饲料，纯收入 3200 元。2017 年，村里养鸡户已发展到 126 户。

4. 村里有 28 户贫困户愿意养猪，领取了 56 头仔猪，孙茂真说："感谢政府给我们贫困户发放猪崽，这下有盼头了。我把猪崽领回去好好饲养，争取年底卖个好价钱，早日实现脱贫致富，不再拖国家脱贫致富奔小康的后腿。"

2016 年，一头猪崽 1000 元，1 年可以长到 150 千克重，

西苏家河村食用菌大棚

饲料是玉米和草料，孙茂富说："西苏家河植被较丰富，草料可上山自己弄，坝地上基本种植玉米，大大降低了养猪的成本。一头猪一年能吃 2000 斤玉米，1 亩地产玉米三四百斤，家里还有几亩坝地，种的玉米也够猪吃。"玉米市场价 2 元/千克，一袋种子售价 40~100 元/千克。卖猪纯收入 3000~4000 元。孙茂富等几户还养牛，但很少作为商品进行交易，只有生牛犊才卖，一头牛犊价格两三千元。封山禁牧后只有零散户养羊三五只,过年买卖或自家杀后当年货。

四、村民健康调查

西苏家河村 29 户贫困户中，因病（残）致贫 17 户，占

58.6%。2017 年 5 月，省林业厅的一辆 X 光体检车开进西苏家河村，省林业厅森工医院和第四军医大学西京医院 11 名专家和医护人员组成的医疗队，包括内科、外科、骨科、神经内科等多科医务工作者，受到了村民们热烈欢迎。孙茂文说："活了 60 多岁，做梦都没想到能叫省上的大专家给咱看病。林业厅一下子帮在咱的心坎儿上了！"听说省城大医生要来体检，76 岁的贫困户曹建玉一大早起来，都没有吃早饭，一直翘首期盼省城来的医疗队专家，她激动地说："专家从西安来，跑这么远的路来看我们，我满意得太太（陕西方言，意为非常满意），双手欢迎。"这是省林业厅第二次为贫困户组织医疗队。

医疗队在西苏家河村、刘家河村、韩家村和兰街村，进行了 3 天体检和诊疗，为 455 位群众进行了规范的体检，提高了村民的满意度和幸福指数，增强了村民尤其是贫困户脱贫致富的信心。在西苏家河村体检了 81 名贫困户，男性 34 人，女性 47 人，年龄多为 40~70 岁。在义诊现场，专家们细心检查、认真讲解，并就日常饮食、常见病、多发病的预防，常用药的服用进行指导，帮助村民掌握基本健康保健的知识，并将正规的体检报告及身体健康评估送到村民手中。

针对行动不便的村民，义诊小分队还专门安排医护人员入户体检。贫困户高成俊的妻子 10 年前因车祸导致下肢高位截瘫，两位医生上门入户帮其检查身体，清洗了吸痰器，并指导了康复训练，送上急需的药，躺在炕上的高成俊妻子不住地向大夫说："谢谢你们，谢谢你们，太感谢了！"孙茂文的妻子患肢体麻痹症，90 岁高龄的老母亲患有眼疾，大夫上门检查治疗并送药物。

体检包括内科、外科、妇科、心电图、彩色多普勒 B 超、X 光、尿常规、血生化、肝肾功等多个检查项目，男性健康合格人数为 5 人，占体检总人数的 38.46%，女性健康合格 2 人，占 10.53%。发病率由低到高依次为双肺支气管炎、前列腺增生，ST-T 段异常改变、甘油三酯偏高、右肾囊肿和空腹葡萄糖偏高。双肺支气管炎检出率 7.41%，前列腺增生检出率 11.11%，ST-T 段异常改变、甘油三酯偏高、右肾囊肿和空腹葡萄糖偏高检出率均 13.58%，可疑高血压检出率 4.94%。

通过体检情况分析，以及对村卫生院诊疗情况调查，山区就诊率最高的病为高血压、心脏病、脑血管病、糖尿病、关节疼痛等，这些病需要长期服药控制。前列腺增生是老年男性的常见疾病，60 岁男性 50% 以上有前列腺增生，80 岁男性 80% 有前列腺增生，临床表现为尿频、尿急、夜尿增多和排尿费力。

针对这种情况，需要加大健康扶贫力度，对常年服药的家庭增加其常用药品的报销比例，确保贫困户药品开支不再是其生活开支的主要部分。增强村卫生室医护人员的技术实力,通过技术培训或继续教育等形式,提高医疗水平。加强对妇女儿童的医疗政策扶持,保证优生优育,减少出生缺陷,特别注重提高对孕期妇女以及残疾儿童的医疗服务。

五、驻村扶贫启示

1. 真帮实扶

包扶工作队能俯下身、沉下心为村民办实事。原村主任孙茂万说:"如今这么实在的干部,对农民、农村工作这么扎实的干部不多见,他们很多时候都是忍着酷热和饥饿坚持走完一座山头一道沟,村民们白天忙无法入户时,他们就晚上入户了解情况,连我都做不到!"贫困户孙茂海说:"以前我也听说过包扶,以为省里的干部只是落个名,走走形式不会来,没想到包扶干部一周能来三四次,见他的次数比见我在县城打工的娃娃次数还多。"

2. 每人办件实事

一对一帮扶是省林业厅在西苏家河村采取的一项措施,厅里 79 名干部和 79 户贫困户结成帮扶对子,每人必须为帮扶的贫困户至少解决一件实事。从 2014 年开始结对子帮扶到现在，帮扶干部至少都为结对子的贫困户办过一件实事，包括生产生活的方方面面，有提供鸡苗、袋料、化肥农药的，有帮着购买药品的，还有帮着查实电费、水费收缴以及低保、医疗、补贴等政策落实情况的。西苏家河村80多岁的范应清，三年前因骨折落下病根，下肢偏瘫，行动相当不便，吃喝拉撒全靠老伴伺候，帮扶干部给他送了轮椅，坐上轮椅下炕上厕所、出门晒太阳，行动方便多了。他老伴儿激动地说："都是林业厅包扶干部给俺办的好事情，帮了我这老婆子大忙啦！"

3. 自主脱贫

帮助脱贫是为了农民致富，不只是找到一个好产业，更重要的是激发村民的潜力，唤起村民的精气神。脱贫户孙茂万说："人家扶持咱，咱也要给起爬了！"他靠勤劳脱贫，出菇后每天凌晨3点起床摘菇，再赶往城里农贸市场。起初卖菇时只有他去得早，香菇收购大户就没有其他选择，只能先收他的香菇，老孙为人诚信，久而久之大户就优先收他的菇。每天等他卖完菇往回赶时，有些卖菇的人才起床在菇棚摘菇。建拱棚、发袋料、提供鸡苗，贫困户一分钱不用掏，这一点村民张三娃深有感触。他说："两个产业，咱又不花钱，一个不行还有另一个，就是不赚钱，起码我不赔钱。反正豁出去啦，就是要弄产业么！"2015年，抱着试试看的心态,张三娃凭省林业厅给他出资提供的 1400 个菌棒和 50 只鸡苗发展种养业,不到半年,收入就突破 1 万元。张三娃每次出去卖菇,不管刮风下雨,他都是一家一家餐厅跑,谁出的价钱高就卖给谁。总结出适合自己的销售方式,有时香菇量大卖不完时,他就与周边的商贩易物交换,用自己的香菇换衣服、西瓜等。

4. 探索比较效益

包扶工作队和村支部坚持以市场为导向、以效益为中心,积极拓宽庭院产业,引领贫困户种植蘑菇、养牛、养猪、养鸡等。有种植大户尝试种植菌草,菌草既可做菌棒培养料,也是猪、牛等很好的饲料,市场需求大,湿草价格 300~400 元/千克,干草 1600~1800 元/千克。

5. 紧紧依靠两委会班子

包扶工作队本着多出谋划策,帮着村支部多做一些对村民有益的事,帮助村干部解决一些大家共同关心的问题,提高村干部的领导能力和致富能力,支持两委会班子做好工作,积极发挥村支部的领导作用以及脱贫致富中的带头作用,才能带好村民,致富一个村子。

第五章

某贫困村全体村民体检报告分析

2017 年 5 月 27 日至 31 日，陕西省林业厅森林资源管理局森工医院与第四军医大学西京医院，对某贫困村全体村民做了体检，其结果形成综合分析资料，是一份比较系统的样本村报告，是研究山区群众身体状况以及健康对策的基础性资料。报告分基本资料、体检异常情况统计、健康问题分析与保健、女性健康问题分析与保健、男性健康问题分析与保健、村民体检结果汇总 6 个部分。

一、基本资料

本次体检共有 81 人，其中，男 34 人，女 47 人，年龄分布如下：

年龄组(岁)	人数			百分比		
	男性	女性	合计	男性	女性	平均
1 0-20 岁	0	0	0	0%	0%	0%
2 21-30 岁	0	0	0	0%	0%	0%
3 31-40 岁	0	2	2	0%	2.47%	2.47%
4 41-50 岁	3	11	14	3.7%	13.58%	17.28%
5 51-60 岁	13	17	30	16.05%	20.99%	37.04%
6 61-70 岁	15	11	26	18.52%	13.58%	32.1%
7 70 岁以上	3	6	9	3.7%	7.41%	11.11%

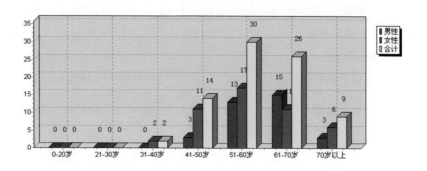

参检人员年龄分布图

二、体检异常情况统计

　　此次村民体检内容包括内科、外科、心电图、彩色多普勒 B 超、血生化等，按男女综合检出数量最高异常情况进行统计分析，以反映出村民的健康状况。

	体检结论	人数			百分比		
		男性	女性	合计	男性	女性	平均
1	合格	10	10	20	29.41%	21.28%	24.69%
2	前列腺增生	9	0	9	26.47%	0%	11.11%
3	空腹葡萄糖（GLU）偏高	2	4	6	5.88%	8.51%	7.41%
4	双肺支气管炎	2	4	6	5.88%	8.51%	7.41%
5	甘油三酯（TRIG）偏高	0	4	4	0%	8.51%	4.94%
6	高血压可疑	2	2	4	5.88%	4.26%	4.94%
7	ST-T 段异常改变	1	2	3	2.94%	4.26%	3.7%
8	肺纹理稍增重	2	1	3	5.88%	2.13%	3.7%
9	右肾囊肿	1	2	3	2.94%	4.26%	3.7%
10	窦性心动过缓	2	1	3	5.88%	2.13%	3.7%
11	子宫肌瘤	0	3	3	0%	6.38%	3.7%
12	高密度脂蛋白胆固醇（HDL-C）偏低	2	0	2	5.88%	0%	2.47%
13	血红蛋白偏低	1	1	2	2.94%	2.13%	2.47%
14	胆囊息肉	1	1	2	2.94%	2.13%	2.47%

续表

	体检结论	人数			百分比		
		男性	女性	合计	男性	女性	平均
15	肝囊肿	0	2	2	0%	4.26%	2.47%
16	空腹葡萄糖（GLU）偏低	0	2	2	0%	4.26%	2.47%
17	红细胞偏低	0	2	2	0%	4.26%	2.47%
18	窦性心动过速	0	2	2	0%	4.26%	2.47%
19	I级高血压	1	1	2	2.94%	2.13%	2.47%
20	肝血管瘤	1	1	2	2.94%	2.13%	2.47%

三、健康问题分析与保健

针对村民体检时，所检出的最常见的部分异常情况提供相关的分析与医疗保健建议。

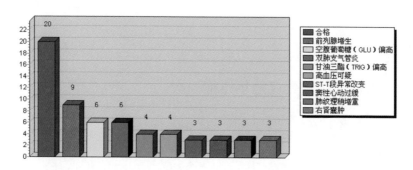

男女疾病检出数量最高的 10 种异常结果（检出数量）

1. 合格（20人）

检出比率

结果	男性	女性	合计
检出人数	10	10	20
总体检查人数	34	47	81
总体检出率（%）	29.41%	21.28%	24.69%

健康建议：建议每年体检一次。

2. 前列腺增生（9人）

检出比率

结果	男性	女性	合计
检出人数	9	0	9
总体检查人数	34	47	81
总体检出率（%）	26.47%	0%	11.11%

健康建议：建议每年体检一次。

3. 空腹葡萄糖（GLU）偏高（6人）

检出比率

结果	男性	女性	合计
检出人数	2	4	6
总体检查人数	34	47	81
总体检出率（%）	5.88%	8.51%	7.41%

健康建议：本次检查空腹血糖高于正常值，建议复查，如有异常请到内分泌科就诊。

4. 双肺支气管炎（6人）

检出比率

结果	男性	女性	合计
检出人数	2	4	6
总体检查人数	34	47	81
总体检出率（%）	5.88%	8.51%	7.41%

健康建议：建议到呼吸内科诊治。

5. 甘油三酯（TRIG）偏高（4人）

检出比率

结果	男性	女性	合计
检出人数	0	4	4
总体检查人数	34	47	81
总体检出率（%）	0%	8.51%	4.94%

健康建议：建议每年体检一次。

6. 高血压可疑（4人）

检出比率

结果	男性	女性	合计
检出人数	2	2	4
总体检查人数	34	47	81
总体检出率（%）	5.88%	4.26%	4.94%

健康建议：建议每年体检一次。

7. ST-T 段异常改变（3人）

检出比率

结果	男性	女性	合计
检出人数	1	2	3
总体检查人数	34	47	81
总体检出率（%）	2.94%	4.26%	3.7%

健康建议：建议每年体检一次。

8. 窦性心动过缓（3 人）

检出比率

结果	男性	女性	合计
检出人数	2	1	3
总体检查人数	34	47	81
总体检出率（%）	5.88%	2.13%	3.7%

健康建议：窦性心动过缓常见于健康的年轻人、运动员、老年人以及有某些疾病或服用某些药物的人。无症状的窦性心动过缓通常不需治疗，如有头晕、请到乏力等症状的，请到心内科诊治。

9. 肺纹理稍增重（3 人）

检出比率

结果	男性	女性	合计
检出人数	2	1	3
总体检查人数	34	47	81
总体检出率（%）	5.88%	2.13%	3.7%

健康建议：引起肺纹理增多的原因很多，正常高龄人

群肺纹理也多于年轻人，定期复查胸片，如伴有其他不适，请到呼吸科就诊。

10. 右肾囊肿（3人）

检出比率

结果	男性	女性	合计
检出人数	1	2	3
总体检查人数	34	47	81
总体检出率（%）	2.94%	4.26%	3.7%

健康建议：可单个或多个。大多数无明显症状，少数人有高血压、出血及尿路感染等，对无症状肾功能正常者，定期复查 B 超，必要时 CT 检查，不需治疗。有症状或出现并发症者建议泌尿外科诊治。

四、女性健康问题分析与保健

针对女性检查项目检出的最常见的部分异常情况进行相应的统计分析，并给出医疗保健建议。

1. 合格（10人）

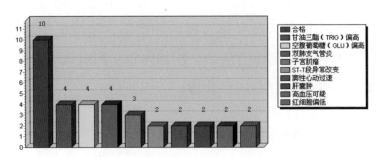

女性疾病检出数量最高的 10 种异常结果（检出数量）

检出比率

结果	男性	女性	合计
检出人数	10	10	20
总体检查人数	34	47	81
总体检出率（%）	29.41%	21.28%	24.69%

健康建议：每年体检一次。

2. 甘油三酯（TRIG）偏高（4人）

检出比率

结果	男性	女性	合计
检出人数	0	4	4
总体检查人数	34	47	81
总体检出率（%）	0%	8.51%	4.94%

健康建议：血脂检查发现高于正常范围，长期血脂异常会导致动脉粥样硬化，血黏度增加，引起心脑血管方面的疾病。生活方式改变是首要治疗措施，请减低脂肪摄入量，增加有规律的体力活动，控制体重，同时戒烟、限酒、限盐。必要时请到心内科就诊。

3. 空腹葡萄糖（GLU）偏高（4人）

检出比率

结果	男性	女性	合计
检出人数	2	4	6
总体检查人数	34	47	81
总体检出率（%）	5.88%	8.51%	7.41%

健康建议：建议每年体检一次。

4. 双肺支气管炎（4人）

检出比率

结果	男性	女性	合计
检出人数	2	4	6
总体检查人数	34	47	81
总体检出率（%）	5.88%	8.51%	7.41%

健康建议：建议到呼吸内科诊治。

5. 子宫肌瘤（3人）

检出比率

结果	男性	女性	合计
检出人数	0	3	3
总体检查人数	34	47	81
总体检出率（%）	0%	6.38%	3.7%

健康建议：为女性生殖器中最常见的良性肿瘤，可能与女性激素有关。无明显临床症状可定期观察；3-6 月复查，如有不适请到妇科就诊。

6. ST-T 段异常改变（2人）

检出比率

结果	男性	女性	合计
检出人数	1	2	3
总体检查人数	34	47	81
总体检出率（%）	2.94%	4.26%	3.7%

健康建议：见于心肌供血不足及各种心脏病，电解质紊乱，药物影响，脑血管病变等，轻度改变亦可见于正常人。如有心慌、胸闷、气促等不适，定期复查心电图。必要时请到心内科诊治。

7. 窦性心动过速（2人）

检出比率

结果	男性	女性	合计
检出人数	0	2	2
总体检查人数	34	47	81
总体检出率（%）	0%	4.26%	2.47%

健康建议：成人的窦性心律大于 100 次/分为窦性心动过速，多见于健康人运动、情绪激动、饮酒、喝茶或咖啡等；持续性窦性心动过速，可见于发热、甲状腺功能亢进、贫血、心脏病及服用某些药物者。如有不适请到心内科诊治。

8. 肝囊肿（2人）

检出比率

结果	男性	女性	合计
检出人数	0	2	2
总体检查人数	34	47	81
总体检出率（%）	0%	4.26%	2.47%

健康建议：长在肝脏上的囊泡状病变称为肝囊肿，90%以上都是先天性的。

大多数很小，对于人体和肝脏没什么影响，也没有什么症状，不需要治疗。如果囊肿越长越大，同时出现症状，必要时到外科诊治。

9. 高血压可疑（2 人）

检出比率

结果	男性	女性	合计
检出人数	2	2	4
总体检查人数	34	47	81
总体检出率（%）	5.88%	4.26%	4.94%

健康建议：血压达到 140/90mmhg 为高血压。建议连续 3 天在同一时间、同体位、同部位、同血压计、同人测血压（晨起），若血压仍高于正常，请到心内科诊治。

10. 红细胞偏低（2 人）

检出比率

结果	男性	女性	合计
检出人数	0	2	2
总体检查人数	34	47	81
总体检出率（%）	0%	4.26%	2.47%

健康建议：建议复查血常规。

五、男性健康问题分析与保健

针对男性检查项目检出的最常见的部分异常情况进行相应的统计分析，并给出医疗保健建议。

1. 合格（10人）

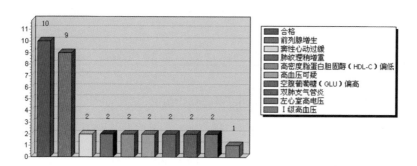

男性疾病检出数量最高的10种异常结果（检出数量）

检出比率

结果	男性	女性	合计
检出人数	10	10	20
总体检查人数	34	47	81
总体检出率（%）	29.41%	21.28%	24.69%

健康建议：每年体检一次。

2. 前列腺增生（9人）

检出比率

结果	男性	女性	合计
检出人数	9	0	9
总体检查人数	34	47	81
总体检出率（%）	26.47%	0%	11.11%

健康建议：前列腺增生是老年男性的常见疾病，60 岁男性，50%以上有前列腺增生，80 岁男性，80%有前列腺增生，其病因是因为前列腺逐渐增大对尿道及膀胱出口产生压迫作用。临床表现为尿频、尿急、夜尿增多和排尿费力，并能导致泌尿系统感染、膀胱结石和血尿等并发症，对老年男性的生活质量产生严重影响。如果前列腺增生对生活质量无影响或者影响较小，患者可以选择调整生活方式包括饮水量适当，避免过多饮用含咖啡因和酒精类饮料。尿梗阻解决不佳的患者，建议到泌尿外科就诊。

3. 窦性心动过缓（2 人）

检出比率

结果	男性	女性	合计
检出人数	2	1	3
总体检查人数	34	47	81
总体检出率（%）	5.88%	2.13%	3.7%

健康建议：窦性心动过缓常见于健康的年轻人、运动员、老年人以及有某些疾病或服用某些药物的人。无症状的窦性心动过缓通常不需治疗，如有头晕、乏力等症状的，请到心内科诊治。

4. 肺纹理稍增重（2 人）

检出比率

结果	男性	女性	合计
检出人数	2	1	3
总体检查人数	34	47	81
总体检出率（%）	5.88%	2.13%	3.7%

健康建议：引起肺纹理增多的原因很多，正常高龄人

群肺纹理也多于年轻人，建议定期复查胸片，如伴有其他不适请到呼吸科就诊。

5. 高密度脂蛋白胆固醇（HDL-C）偏低（2人）

检出比率

结果	男性	女性	合计
检出人数	2	0	2
总体检查人数	34	47	81
总体检出率（%）	5.88%	0%	2.47%

健康建议：是测定脂类代谢的重要指标之一，其水平与冠心病发病率呈负相关，因此认为高密度脂蛋白降低是动脉粥样硬化的危险因素，但增高并未被证明对冠心病有额外保护作用。降低见于心脑血管病患者、缺少运动、糖尿病、营养不良等，建议定期复查。

6. 高血压可疑（2人）

检出比率

结果	男性	女性	合计
检出人数	2	2	4
总体检查人数	34	47	81
总体检出率（%）	5.88%	4.26%	4.94%

健康建议：血压达到 140/90mmhg 为高血压。建议连续 3 天在同一时间、同体位、同部位、同血压计、同人测血压（晨起），若血压仍高于正常，请到心内科诊治。

7. 空腹葡萄糖（GLU）偏高（2人）

检出比率

结果	男性	女性	合计
检出人数	2	4	6
总体检查人数	34	47	81
总体检出率（%）	5.88%	8.51%	7.41%

健康建议：空腹血糖高于正常值，建议复查，如有异常到内分泌科就诊。

8. 双肺支气管炎（2人）

检出比率

结果	男性	女性	合计
检出人数	2	4	6
总体检查人数	34	47	81
总体检出率（%）	5.88%	8.51%	7.41%

健康建议：建议到呼吸内科诊治。

9. 左心室高电压（2人）

检出比率

结果	男性	女性	合计
检出人数	2	0	2
总体检查人数	34	47	81
总体检出率（%）	5.88%	0%	2.47%

健康建议：可见于正常人，也可见于左心室肥厚的病人，定期复查心电图，必要时做超声心动图检查，以明确诊断；平时若有胸闷、心前区不适和气短，到心内科就诊。

10. I级高血压（1人）

检出比率

结果	男性	女性	合计
检出人数	1	1	2
总体检查人数	34	47	81
总体检出率（%）	2.94%	2.13%	2.47%

健康建议：血压 140~159mmHg/90~99mmHg 为 I 级高血压，建议适量运动、低脂低盐饮食、减轻精神压力、保

持平衡心态、增加及保持适当的体力活动、戒烟限酒。按时监测血压。

11. 肺结核（2 人）

检出比率

结果	男性	女性	合计
检出人数	2	0	2
总体检查人数	34	47	81
总体检出率（%）	5.88%	0%	2.47%

健康建议：建议到感染科复查，明确诊断并治疗。加强营养，高蛋白，高维生素饮食；正规抗结核治疗；预防感染，定期复查；有传染性的注意隔离；戒烟限酒。

六、村民体检结果汇总

影响健康的因素很多，包括遗传基因、日常生活习惯、社会环境、医疗资源等，其中，与一般民众息息相关的医疗资源，仅占影响健康因素的 10%，最大的影响因素还是日常生活习惯及社会环境。根据世界卫生组织（WHO）的估计，75%的癌症是已知的环境因素所引起，而这些因素都是可以预防的，例如抽烟、酗酒。

　　本次体检村民多为中老年留守人员，体检结果阳性率高，分析发病率及疾病谱与其他农村地区基本相同，未呈现地域性分布及聚集发生。发现高血压、高血脂、呼吸系统慢性病较多，分析原因主要是农村硬件环境虽较前已发生巨大变化，但健康生活习惯依存性差，加之道路虽然已经硬化，但是村民去镇、县医疗机构就医仍然不便，对慢性疾病的预防知识欠缺。建议今后加强健康知识教育，引导村民锻炼身体，养成良好生活习惯，戒烟限酒，低盐低脂饮食。定期参加健康体检，从体检中发现健康问题，从保健中解决健康问题。

后 记

　　1998 年，我曾对陕北白于山区 5 个乡 10 个村百余户群众生产生活状况，进行了全面调查。2014 年，我重返 16 年前曾走访过的村户，进行了再调查，两次调查写成了陕北调研集《白于山调查》，中央党校常务副校长何毅亭认为这是一种站在群众立场看问题的调查方法并作序。

　　这本《秦岭白云山调查》记录的是整个秦巴山区社会状况的缩影，与陕北《白于山调查》形成姊妹篇，力图通过老百姓生活和生产的变化，以鲜活的案例，呈现秦巴山区农村 10 年来的变迁。本书从开始调研到付梓出版，得到宁陕县领导和基层同志的通力协助，李哲、邢源、高瑀晗、呼延洋、张芳等参与调查并提供第一手资料，书中使用了曹必勤的山区旧照和陈长吟等的照片，邓小明、马科和冯岩作了校对，曹谷溪先生通读全书后作序，在此一并致谢！

　　"小康之路通何处，白云生处有人家。"我将这本著作献给所有关心山区发展建设的各级干部和广大农民朋友！

李三原

2018 年 2 月

262

图书在版编目（CIP）数据

秦岭白云山调查 / 李三原著. —西安: 西北大学出版
社，2023.4
ISBN 978-7-5604-4955-5

Ⅰ.①秦… Ⅱ.①李… Ⅲ.①秦岭—生态环境建设—
调查研究 Ⅳ.①X171.4

中国版本图书馆 CIP 数据核字（2022）第 115565 号

秦岭白云山调查
QINLING BAIYUNSHAN DIAOCHA

李三原　著

出版发行　西北大学出版社

（西北大学校内　邮编：710069　电话：029-88302621　88302590）
http://nwupress.nwu.edu.cn　E-mail: xdpress@nwu.edu.cn

经　销	全国新华书店	
印　刷	陕西龙山海天艺术印务有限公司	
开　本	787 毫米×1092 毫米　1/16	
印　张	19.25	

版　次	2023 年 4 月第 1 版	
印　次	2023 年 4 月第 1 次印刷	
字　数	165 千字	

书　号	ISBN 978-7-5604-4955-5	
定　价	88.00 元	

本版图书如有印装质量问题，请拨打电话 029-88302966 予以调换。